全方位圖解

高齡貓照護

日常照護×疾病知識×臨終準備，親手設計愛貓的優質老後生活

ネコの看取りガイド

服部幸／監修

何姵儀／譯

前言

貓咪的壽命與以前相比確實延長了不少，動物醫療技術的發達、飼主意識提高，以及寵物食品的普及與研究等的影響都相當大。

但是不管壽命延長多少，生命終究是有限的。貓的衰老速度大約是人類的5倍，因此不得不與愛貓分離的那一天總會到來。

在愛貓離世前的這段期間，身為飼主一定希望牠們能充實地度過每一天，可以的話最好也能減輕肉體上及精神上的痛苦，竭盡所能不讓自己因為貓咪的事留下遺憾。

這本書要解說當愛貓最後只剩3個月的生命時，身為一個飼主能為牠們做的事以及「終末照護」，也就是在終末期這段期間涵蓋飲食、排泄、運動等日常照料與貓咪生病、臨終前後的一些事項。下個單元要先介紹「守護貓咪健康的10大承諾」，也就是飼主在與高齡貓相處時應該要知道的10件事，可以作為往後照顧貓時的參考。

飼主與愛貓所處的環境與狀況各有不同。所以在終末期照護愛貓時，並沒有「一定要這麼做」的事。

本書的內容若是能對家中愛貓正處於終末照護時期的人，或者正在思考未來家中貓咪會需要什麼樣終末照護的人略有幫助，便是萬幸。

守護貓咪健康的10大承諾

1 請先瞭解到貓咪衰老的速度是人類的5倍

貓咪超過15歲就是老年期，相當於人類的76歲以上。所以一定要好好珍惜和我在一起的這段時光喔（P16）。

2 帶貓咪去動物醫院做健康檢查

10歲以前每年做1次，11歲以後就要每半年做1次喔。每天在家檢查健康狀態也很重要！（P30）

3 察覺貓咪忍受不適的樣子

我們貓咪不會隨便在人類面前露出脆弱的一面。但是我不舒服的時候身為飼主的你一定要發現喔。打勾勾（P50）。

4 仔細觀察貓咪玩樂時的模樣

走路時若是發現我是腳跟先著地或者脖子朝下，那就有可能是因為生病（P62）。平常就要注意有什麼異狀喔。

5 摸摸貓咪發現腫塊

我心情好的時候要輕輕摸我的肚子和背部喔。
這個時候要是摸到異常的腫塊，希望你趕快帶我去看醫生（P80・82）。

6

喝水量增加時，要懷疑是不是腎臟生病了

將近八成的貓咪超過15歲就會罹患腎臟疾病。飲水量增加雖然未必是腎臟有問題，但卻是生病的徵兆，所以早期發現很重要！（P86・94）

7

瞭解貓咪的尿液與糞便是健康狀況的觀察依據

要是1天沒有尿尿，或者是3天沒有大便，就要立刻帶我們去看醫生喔（P88・90）。

8

體重若是變輕，請懷疑是不是生病

體重要是在1個月內少了總重量的5％，大多數的原因都是生病造成的，所以要立刻帶我們去醫院喔（P96）。

9

為了彼此的健康著想，一定要好好預防傳染病

1年接種1次疫苗可以預防傳染病喔（P98）。一定要帶我去打疫苗，這樣我們才能長長久久生活在一起。

10

臨終之時請溫柔送行

我們離開這個世界不是想讓你難過。請用笑容陪伴我們走到最後（P127）。

目次

第3章 從行為觀察生病的徵兆

第4章
終末期貓咪的常見疾病及照護……093

*本書為2016年出版之《高齡貓照護解剖圖鑑》的增補改訂版

日文版工作人員

書籍設計：細山田デザイン事務所（米倉英弘）
組版：ライラック（本田麻衣代）・ナイスク（小池那緒子）
編輯協助：ナイスク（松尾里央、石川守延、岩崎麻衣、高作真紀）
溝口弘美、金子志緒、山川稚子
插畫：伊藤ハムスター
印刷、裝訂：加藤文明社

第 1 章

瞭解貓的一生

終末期的治療至少要做到什麼程度？

與治療貓咪有關的資訊只要掌握得愈多，就能為牠們選擇更好的照護方式，這樣在面臨生命的最後一刻時，就不會留下遺憾。

收集資訊，做出最佳選擇

想讓貓咪生命的最後盡善盡美，身為飼主勢必要擁有正確資訊。為了不在貓咪終末期留下悔恨，家中的愛貓還有活力時，全家人就要先好好討論，並且選擇妥善的照護方式。向經常就診的動物醫院請教，事先獲得資訊也很重要。因為醫療費用、就診頻率以及貓咪的身心負擔通常會隨著病況以及治療方式而改變。所以要權衡利弊，做出決定。獸醫也會考量貓咪的個性及病況提出適合的治療方法。

1
瞭解照護與治療方法的優缺點有哪些

在動物醫院接受治療雖然可以期望早日康復，但也需要為此常去醫院就診。在家照護對貓咪造成的壓力雖然較小，但卻只能把目標放在「維持現狀」上。

做筆記的重要性

將獸醫說的話寫下來，就能慢慢思考及討論像是怎麼治療等今後會面對的事。

2
思考身為飼主能做到的事和程度

先和家人討論如何在能力範圍內準備醫藥費以及看診的次數，這是飼主的責任，也與如何為貓咪做出更好的選擇有關。

整理狀況

先整理貓咪的狀況，再根據自己的情況釐清「做得到」及「做不到」的事。

3
最重要的是不要後悔

收集各種資訊，從中選擇照護及治療方法是非常重要的事。這是為愛貓送行的第一個準備，不讓自己留下「當初為何沒有盡力照顧貓咪」的後悔。

貓的幸福是什麼？

如果是在疼愛之下成長的貓咪，那麼飼主認為「最好」的決定就會為貓咪帶來幸福。

瞭解貓咪的平均壽命

完全在室內生活的「家貓」平均壽命最長，而在戶外生活的「放養貓」及「流浪貓」壽命通常較短。

我的夢想是
在空中飛。
在家或在外
我都喜歡。
在家最好了
對吧？
流浪貓
放養貓
家貓

家貓、放養貓和流浪貓的平均壽命相差很大

以平均壽命來講，生活在室內的「家貓」約16歲，室內室外來來去去的「放養貓」約14歲，這意味著家貓的平均壽命比較長。而習慣外出的放養貓與流浪貓有時會遇到交通事故及染上傳染病等風險，所以平均壽命較短。可見改善貓咪的生活環境不僅可以延長壽命，還能讓牠們擁有幸福的終末期。貓要是度過平均壽命的八成，就算是高齡貓。家貓的話大約是13歲，放養貓的話大約是11歲，至於流浪貓則各有差異，必須以各自的情況判斷。

家貓平均壽命的變化

生活在室內的家貓和有時會跑到戶外的放養貓壽命雖然有所差異，但是過去這10年來兩者的壽命都拉長了。

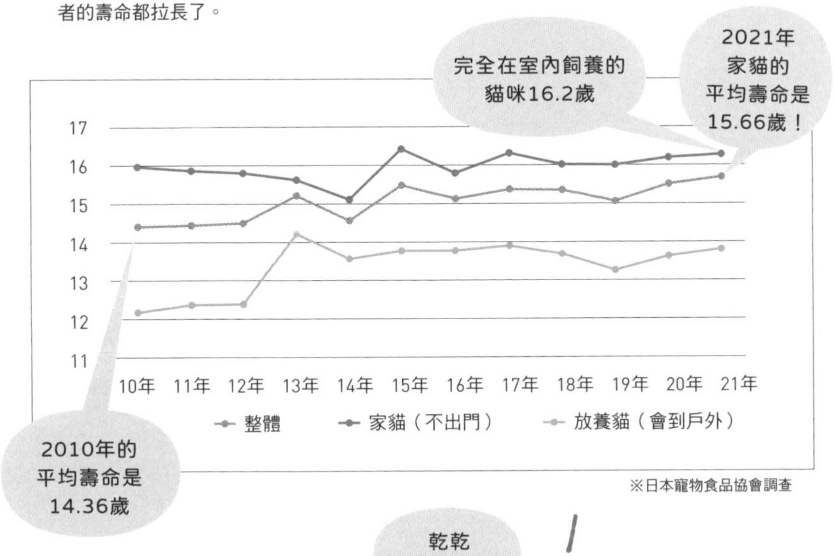
完全在室內飼養的貓咪16.2歲
2021年家貓的平均壽命是15.66歲！
17
16
15
14
13
12
11
10年 11年 12年 13年 14年 15年 16年 17年 18年 19年 20年 21年
整體
家貓（不出門）
放養貓（會到戶外）
2010年的平均壽命是14.36歲

※日本寵物食品協會調查

貓咪的飲食以綜合營養食品為基本

綜合營養食品中含有貓咪一天所需的均衡營養素，只要與水一起攝取，就能有效維持貓咪的健康。

乾乾
最好吃了。

1

愈來愈長壽的貓咪

貓的壽命逐年延長不單是因為完全在室內生活的家貓數量增加，與貓咪醫療的發展，以及配合成長階段推出的均衡營養貓食選擇愈來愈豐富也有關連。

2

雜種貓的壽命比純種貓長

只要一看右側這份按照品種別調查的平均壽命數據，就會發現日本貓與混種貓的壽命比其他品種的貓還要長。純種貓容易罹患某些特定遺傳疾病，壽命往往較短。另外，雜種貓因為免疫力相對較高，因此一般認為這些貓大多較強壯。

順位	品種	平均壽命（歲）
1	日本貓	15.1
2	混種貓	15.0
3	布偶貓	14.9
4	挪威森林貓	14.0
5	俄羅斯藍貓	13.8
6	蘇格蘭折耳貓	13.7
7	美國短毛貓	13.5
8	曼赤肯貓	13.4
9	英國短毛貓	13.0
9	緬因貓	13.0

※Anicom非人壽保險契約前10名品種貓平均壽命（2019年度）／「Anicom家庭動物白皮書2021」

瞭解貓的年齡階段

貓出生後大約過1年半，年紀就會相當於人類的成年期。之後每年大約會老化4歲。

幼貓期
只到6個月。
只要11年
就熟齡了喔。
幼貓期
青年期～
壯年期
成熟期
高齡～
老年期

貓的11歲相當於人類的60歲

一般認為貓在7歲到10歲為成熟期，11歲到14歲為高齡期，15歲以上則為老年期。

飼主可以掌握自己的貓有幾歲，但是卻不太會去換算成人類的年齡。大家可以利用左頁的換算表來確認愛貓的歲數。出生沒幾個月就被收養的小貓，轉眼間就會變成歲數比飼主還要大的高齡貓喔。這個時候或許就該考慮要如何照護牠們的餘生了。

貓與人類的年齡換算表

貓咪的歲數只要超過平均壽命的八成那就可以稱為「高齡貓（senior）」。現在家貓的平均壽命為15.66歲（P15），只要超過12歲的高齡期，就可以開始思考要如何終末期照護。

成長時期	貓咪年齡	人的年齡
幼貓期 最有活力，學習貓咪社會規則的時期。	0～1個月	0～1歲
	2～3個月	2～4歲
	4個月	5～8歲
	6個月	10歲
青年期 即將踏入成貓階段的入口，也是迎接性成熟的時期。母貓出生後5至12個月、公貓出生後8至12個月大時會達到性成熟。	7個月	12歲
	12個月	15歲
	18個月	21歲
	2歲	24歲
壯年期 精力和體力最旺盛的時候。流浪貓的老大通常屬於這個年齡層。	3歲	28歲
	4歲	32歲
	5歲	36歲
	6歲	40歲
成熟期 開始出現看不見的老化現象，是體力逐漸下降的時期。近年來被稱為「通往高齡的入口」。	7歲	44歲
	8歲	48歲
	9歲	52歲
	10歲	56歲
高齡期 一般說的「高齡貓」就是從這個時期開始。只要一到13歲，眼睛、膝蓋和指甲都會出現老化現象。。	11歲	60歲
	12歲	64歲
	13歲	68歲
	14歲	72歲
老年期 悠閒度過餘生，但也是非常容易生病的時期。所以要盡量避免環境變化，也要極力避免讓貓咪自己看家。	15歲	76歲
	16歲	80歲
	17歲	84歲
	18歲	88歲
	19歲	92歲
	20歲	96歲
	21歲	100歲
	22歲	104歲
	23歲	108歲
	24歲	112歲
	25歲	116歲

參考資料：AAFP（美國貓科動物從業者協會）、AAHA（美國動物醫院協會）

不同環境造成的貓咪死因

仍保有野生動物習性的貓就算是家貓，到臨死前還是會憑己力活動，有時會因為身體不適而躲起來。

貓是一種直到最後都會憑己力生活的動物

在寵物當中，貓是可以在野外存活下來的強壯動物。雖然牠們在終末期以前可以靠自己活動，但若因為內科疾病而必須看護照顧時，剩下的生命通常只有3個月。另外，「家貓」、「放養貓」和「流浪貓」的死因也不盡相同，因為生活環境會大大影響牠們的壽命。

在身體不舒服的時候躲起來是貓的習性，因為在野外生活的時候要是被其他動物發現虛弱的一面容易被盯上，因此視情況在旁靜靜守候也很重要。

發現新世界！

在「外面」的危險性

對家貓來說，外面是一個未知的世界。但是為了避免「可以預防的意外」發生，飼主還是盡量不要讓貓咪外出，這樣才能安心。

1 會外出的貓咪要小心意外及傳染病

外出的貓有時會因為車禍或傳染病（P98・100）而喪命，也會有誤食農藥或遭到虐待的危險。

老了就是要
悠閒一點。

2 家貓到了終末期大多會抱病在身

家貓因為鮮少發生意外及傳染病，所以平均壽命較長，通常為16歲。生命的最後一刻，有時會是因為腎臟病（P94）或癌症（P104）等重症而離去。

「放輕鬆」的重要性

壓力是導致生病的大敵。如果能讓貓咪在溫暖的窗邊等喜歡的地方慵懶度日，牠們的心情會更加放鬆，這也算是照護的方法之一。

3 生活環境會影響壽命

據說比起品種或血統，貓的壽命及死因受其生活環境的影響會更大。因此飼主要在飲食及住家環境上多花些心思，好讓貓咪更長壽。

大家都不一樣
但是都很自由！

消除成見

貓咪生病時最重要的是竭盡所能，千萬不要只憑著「我們家貓咪的品種是○○，所以……」等某種傾向推測而放棄治療。

考慮貓咪的生活品質

即便到了終末期，也要盡量維持貓咪的生活品質。

重點在於讓貓和飼主過得幸福

為終末期的貓咪決定一個「幸福的」治療及照護方法是飼主的責任。貓咪病情若是嚴重，在治療的這段期間就必須要經常就診及投藥。但是這對貓咪與飼主來說心理負擔往往會愈來愈大，有時甚至會讓人猶豫是否該繼續治療。話雖如此，飼主也不需要為此放棄所有醫療行為，採取舒緩治療，減輕貓咪因為生病而引起的疼痛與不適也是一個選項。請參考主治獸醫建議，想想要如何維持貓咪生活品質（QOL），選擇較為妥當的照護方法。

1 選擇治療方法

治療方法大致分為2大類：對因治療與對症治療。對因治療是針對病因來處理，對症治療則是以減輕痛苦及疼痛的舒緩治療。但是不管採取哪一種方式，強度和看診頻率皆會隨著治療程度不同而有所改變。

飼主能做的事

最瞭解貓咪的人是飼主。只要貓咪身體稍有變化，都要請教獸醫，更加準確地掌握貓咪的狀況，看看要如何照護才是最妥當的選擇。

2 減輕疼痛與不適的舒緩治療

會痛的話就給鎮痛劑，想吐的話就給止吐劑，沒有辦法喝水的話就打點滴補充水分。

舒緩治療的用意

舒緩治療也可以在家進行。只要疼痛等症狀能夠稍微舒緩，貓咪的生活品質就能得到改善，重點在於如何讓牠們過得舒適。

3 毫無痛苦安享天命是最理想的生活

讓貓咪擁有健康晚年，平靜安享天命是最理想的。因此飼主要根據貓咪的狀態在室內設置無障礙空間（P32），準備口感較軟的食物（P38），讓貓咪擁有與痛苦絕緣的生活。

將理所當然的事視為本分

飼主每天重複在做的事情與貓咪的健康及長壽息息相關。因此不讓貓咪過胖、有新鮮的水可以喝這些理所當然的事情一定要好好做喔。

當帶貓咪去動物醫院看診，知道牠已經時日不多時，就可以開始「終末照護」了。

開始「終末照護」的時期

一旦發現攸關性命的疾病就要開始好好照護

終末照護是指讓迎接終末期的貓咪過得更加舒適的照顧方式，舒緩治療就是其中一種。當家裡的貓咪升格成為高齡貓時，就要積極收集相關的治療方法以及終末照護的資訊。如果是攸關性命的疾病，就要以完全康復為目標來治療。此外，在終末期照護貓咪時，飼主也要做好貓咪隨時會有個萬一的心理準備。只要貓咪慢慢接近生命的最後一刻，就代表終末照護的時期到了。

以「愛貓的真實需求」來判斷

不要依賴形式上的資訊，要根據貓咪本身的狀況來考量，這樣比較容易找到妥善的治療方法以及照護方式。

YES
NO
我18歲，
體力充沛！
我12歲但是
身體很差……

1 判斷時要根據貓的狀態而不是年齡

何時開始終末照護取決於貓咪的病情與狀態而不是年齡。因此當貓咪身體還很健康時，飼主就要開始收集有關治療和照護的資訊。

專注在舒緩治療以及布置環境

配合不會讓貓咪感到痛苦的舒緩治療，布置最能讓貓咪放鬆心情的環境，好讓牠們身心都能平靜。

2 終末照護側重妥善照顧，舒緩不適

貓咪身體因病情每況愈下時，那就要採取舒緩治療，為牠們消除疼痛與不適。此時飼主要在家準備可以讓貓咪心情穩定的環境，並且妥善照顧。

我不喜歡痛喔。

I WANT YOUR
HELP.

3 高齡貓身體不適時會有徵兆

貓的身心會隨著年齡增長而慢慢衰弱，生病的風險也會跟著增加，所以千萬不要忽視一些生病的徵兆（P60～P91），要養成從平常就注意貓咪微小變化的習慣。

貓咪渴望的東西

貓咪身上出現變化時，有可能就是正在發出求救訊號。貓咪需要飼主的協助，所以一定要敏感察覺貓咪的變化。

COLUMN

1 讓貓咪酥軟的祕密穴道

想要與貓咪交流溝通，就要先養成撫摸親近的習慣。只要撫摸貓咪舔毛時整理不到的地方，就可以讓牠們感覺格外舒適。例如下巴和耳朵前方可以用手指輕輕搔抓，前額順著髮流溫柔撫摸，腰部咚咚輕拍。不過舒適的感覺因貓而異，好好摸索愛貓喜愛的穴道位置吧。

飼主的撫摸對貓咪的健康也有極大的好處。一個是改善血液的按摩效果。只要輕輕撫摸貓咪的身體，或者是溫柔抓起牠們的肉，就能促進血液循環，讓氧氣及養分遍布身體的每個角落，是能讓貓咪保持身體健康、值得推薦給飼主的好習慣。另一個好處是早期發現疾病。只要細心撫摸貓咪的身體，發現腫瘤等異常狀況的機率就會提高。

雖然不該強迫不喜歡被摸的貓咪，但是若要在家中檢查貓咪的健康狀況，甚至好好地為牠們做「終末照護」，就不能忽略與貓咪撫摸親近的動作。因此最理想的情況，就是趁貓咪活力洋溢的時候讓牠們習慣撫摸身體。

第 2 章

居家終末照護

什麼是居家「終末照護」

終末照護特別重視日常生活中的「飲食」、「睡眠」及「排泄」。配合貓咪的狀態來改善環境吧。

要敏感觀察貓每天的變化

治療若是變得愈來愈困難，那就要與動物醫院商量，準備終末照護。這個時候不僅要整理睡床與廁所，還要準備容易入口的飲食，這樣才能讓貓咪過得更舒適。牠們有時會嘔吐或是失禁，因此所在的地方也要盡量保持清潔。除此之外，全家人還要幫忙看護貓咪，任何一個小小的變化都不可輕忽大意。只要事先向動物醫院確認投藥的時間以及需要就診的時機，就算貓咪的情況突然發生變化，身為飼主的我們也能從容應對。有些動物醫院會提供獸醫家訪服務，如能事先商量會更安心。

我只吃喜歡的喔。

1 準備飲食的絕招

一邊觀察情況，一邊想想餵食的方法，例如貓食的口感可以再軟一點或者是稍微溫熱（P38）。換成處方飼料時，與平時的貓食混合，或是用不同的盤子將平常的貓食與處方飼料分開來，好讓貓咪慢慢接受新飼料。

配合狀態準備貓食

貓食要配合貓咪的身體狀況，牙齒變弱就準備濕食，吞食能力變差就準備泥狀食物。

2 讓貓咪喝水的技巧

隨時提供新鮮的水，而且每天至少換一次乾淨的水。亦可配合貓咪喜好在水裡加些柴魚香味（P95），這樣就能防止喝水量減少。

來自阿爾卑斯的好水。

到處都有水可以喝

換水的時候容器一定要順便清洗。建議多放幾個水碗，讓貓咪口渴時到處都有水可以喝，以防脫水。

高齡貓和睡眠

終末期的貓咪一天絕大多數的時間都在睡覺。

嗯～好幸福！

3 舒適的睡床 不再亂尿尿的廁所

睡床要鋪層寵物尿墊，以備嘔吐或是失禁時能派上用場（P46）。至於廁所，要針對高齡貓重新安排（P40）。

廁所規劃要以高齡貓為優先考量

這方面飼主能做的事，就是重新檢視廁所的環境，協助如廁，讓體力與肌肉漸漸衰弱的貓咪也能順利排泄。有時可以利用寵物尿墊或尿布（P47）來替代，未必一定要堅持讓貓咪去廁所上。

瞭解高齡貓的身體變化

毛髮乾燥，口氣臭，眼屎變多，而且幾乎懶得活動。這些都是不容忽視的老化現象。

貓咪會有的老化現象

貓咪只要年紀一大，身體和行為就會產生各種變化。像是不再跳躍、不再理毛，原本愛玩的遊戲興趣缺缺，整天只知道睡覺，這些都是身體愈來愈虛弱的徵兆。像是因為年齡增長而使得肌肉量下降的「肌肉減少症」，以及因為高齡而導致肌力與活力變差的「虛弱現象」等，這些會出現在人類身上的症狀老貓身上也看得到。如果是因為自然衰老而不是生病造成的異常症狀，都可以透過重新檢視飲食與環境來維持貓咪的生活品質。

1

原因是衰老還是生病？

貓咪的行動有沒有變得遲緩？體重有沒有減輕？對於飼主的一舉一動是否毫不關心呢？貓咪若有這些症狀，最好先帶去看醫生。如果是因為生病，只要早期發現和治療，說不定就能恢復身體功能。但如果是因為老化，生活上只要好好照護，就能夠讓貓咪過得更健康，並且延長壽命。

不要忽視衰老

對動動筋骨這件事興趣缺缺，除了吃飯、上廁所，其他時間都在睡覺等，這些都是衰老現象之一。

可以靠運動改善

盡量讓貓咪有機會運動，例如準備一些不容易玩膩的玩具、藏食玩具，或者設置一個低矮的貓跳台讓牠們上下運動（P48）。

多加補充營養

可以少量多次餵食含有蛋白質的高熱量食物，以防貓咪營養不良。亦可餵食富含抗氧化配方與Omega-3脂肪酸等高齡貓飼料，或者是容易消化的貓食。

2

肌肉減少症的症狀與照護

貓跳台跳不上去、從高處跳不下來、不玩玩具等，這些都有可能是因為肌肉減少症，也就是因為年齡增長而使得肌肉量下降造成的。其實只要善加管理營養與運動，就能預防貓咪體衰虛弱。

3

體衰虛弱的症狀及照護

除了肌肉無力和體重減少，貓咪還會變得無精打彩。只要發現貓咪食慾不振，不理毛，凡事興趣缺缺，對於會動的東西不再感興趣，就代表牠已經出現虛弱症狀。

好好預防，避免惡化

為了不讓體力與肌力變差的貓咪在生活上感到不便，必須為其打造一個無障礙空間（P32）。若是食慾不振，就要在貓食上花些巧思，或者改變餵食方式。

為老貓打造空間

貓咪一旦步入老年，活動範圍就會變得愈來愈小。因此要將飼料、水、廁所以及貓抓板放在房間各個角落，並且設置一個休息區，讓牠們多多走動。

每天勤於檢查健康狀況

高齡貓應該要每年到動物醫院做2次健康檢查，這樣才能「早期發現，早期治療」，就算在家也要多加檢查。

切勿錯過不適跡象

若要察覺貓咪身體是否不適，就要格外留意細小變化。尤其是體溫往往會因為身體不適而變化，要是心臟及血液循環突然惡化、嚴重脫水或疑似感染，體溫就會隨之下降。耳朵內部是唯一沒有毛髮生長的地方，只要每天摸一摸，就能察覺貓咪的體溫變化。建議飼主買支只要貼放在耳朵上就可以測量的體溫計*，就不會對貓咪造成壓力。另外，貓食和水的攝取量及排泄次數等日常細節也要多加觀察。

＊貓咪的正常體溫是37.5～39度。市售的寵物體溫計有的是專門用來測量肛溫，使用之前最好先請教獸醫。

切勿錯過這些不適症狀

每日健康狀況檢查表

只要出現一個症狀，請立刻帶貓咪去醫院

- [ ] 耳朵內部比平時還要冰冷
- [ ] 尾巴總是低垂
- [ ] 無法跳到高處
- [ ] 走路搖搖晃晃
- [ ] 叫聲變大了 → P33
- [ ] 1天睡超過20個小時 → P46
- [ ] 眼睛（瞳孔）總是圓的 → P65
- [ ] 整天都沒胃口 → P84
- [ ] 不喝水或一直喝水 → P86
- [ ] 整天都不排尿 → P88
- [ ] 3天以上沒有排便 → P90
- [ ] 過去1個月體重下降了5% → P97

設置無障礙空間，打造舒適居住環境

盡量為體力漸漸衰弱的老貓打造舒適的居住環境，也能防範意外發生。

維持當前環境的同時消除障礙

貓是一種就算快要臨終，也會想要靠自己活動的動物。但是肌肉漸漸無力的高齡貓卻可能因此有從高處跌落的危險。只要貓咪進入終末期，就將生活地點改為地板，盡量在室內布置沒有高低差的環境吧。

重新裝修或搬家等重大環境變化可能會給貓帶來壓力，所以要盡可能維持現有環境，好讓貓咪過得更舒適。

貓咪專屬的空間

為貓咪布置一個可以放鬆心情的角落。只要將廁所放在睡床旁，就能避免貓咪因為失禁而大小便在床上了。

控制室內溫度

終末期的貓咪不太能調節體溫，因此要注意窗邊及房間正中央的溫差會不會太大。與室外的空氣溫度相差太大也不好，這點要多加留意（P36）。

不要有高低差或擺放貓跳台

不要擺設貓跳台，否則會有跌落的危險。盡量讓牠們在地板上生活，並且減少室內有高低差的地方。

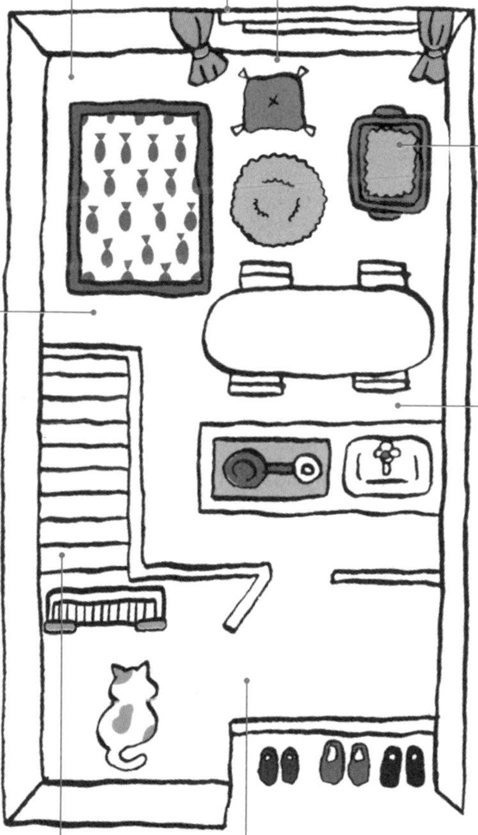

廁所也要採用無障礙形式

貓咪行動若是漸漸不便，那就把廁所移到容易抵達的地方。要是無法跨進廁所，可以擺個坡道之類的東西（P40）。

好走動的地板

最好鋪層短毛地毯或橡膠地墊，盡量避免木材地板，以免貓咪指甲卡在木縫裡。但在鋪設橡膠地墊時要注意誤食（P35）。

考量到五感的衰退

一旦步入老年，貓咪的視力及聽力等五感也會跟著衰退。視力變差（P64）可從視線無法相對這個情況來推測，聽力變差的話可從叫聲愈來愈大這一點來判斷。貓咪的各種感官功能若是退化，會愈來愈不容易掌握周遭的狀況，因此家中擺設最好能維持不變。可以的話再開盞夜燈，盡量不要讓屋裡一片漆黑。

不讓貓咪爬樓梯

貓咪到了終末期肌肉會愈來愈無力。為了防止跌落等意外發生，樓梯前可以加裝圍欄，盡量不要讓貓咪爬樓梯。

訪客或新貓成員NG

避免任何會刺激貓咪的事情，以免造成壓力。若是有客人來訪或者是抱養新貓咪，也盡量不要讓牠看到。

特別是百合科和球莖類植物通常會引起中毒，甚至致死，所以不要放在與貓生活的空間裡。

不要放置貓咪誤食會有危險的東西

能收的東西就收起來

除了我們平時吃的食物，房裡還有很多對貓有害的東西，例如人類的藥品及植物。貓若不小心吃下這些東西不僅會引起噁心及痙攣等症狀，嚴重的話還會傷害到牠們的器官。像這類的誤飲或誤食往往是造成貓咪住院或動手術的主因之一。正因為是以完全飼養在室內為基本原則，飼主不僅要知道哪些東西對貓咪有害，還要確認桌上及廚房等貓咪活動範圍內沒有擺放這些物品。

1 遠離危險食品

下列這些東西貓咪若是誤食，極有可能會出現貧血、血尿、嘔吐、腹瀉及痙攣等中毒症狀。

巧克力類	可可含量高的黑巧克力最危險
含咖啡因的飲料	咖啡、紅茶、玉露茶等
酒精	威士忌、燒酎、日本酒、葡萄酒等
薔薇科水果	杏桃、枇杷、梅子、桃子、李子、櫻桃等

蔬菜與海鮮也NG

大蔥、韭菜、大蒜等蔥類，以及生花枝、章魚、蝦子之類的海鮮都是會危害貓咪健康的食物。

2 不要放置有害的植物

有些植物只要貓咪去啃食樹葉、莖梗及花朵，甚至只是舔沾在身上的花粉或喝花瓶中的水就會有危險。

危險的植物

除了右表列出的植物，還要注意常春藤、繡球花、牽牛花、鳶尾及仙客來。

百合科植物	百合、鬱金香、風信子、鈴蘭等
天南星科植物	白鶴芋、喜林芋、萬年青、龜背竹、綠蘿等
茄科植物	酸漿、馬鈴薯、番茉莉、番茄等
杜鵑花科植物	黃花杜鵑、皋月杜鵑、石楠花、唐杜鵑等

3 檢查容易誤食的物品

家裡有很多容易讓貓咪誤食的東西，牠們有可能在玩鬧的時候不小心吞下去。

鈕扣型電池、錢幣型電池	會腐蝕胃，非常危險。一旦誤食就要立即就醫
巧拼地墊	貓咪要是吞下碎屑會導致食道及腸道阻塞
毛線、絲帶、髮帶、口罩掛繩等	有可能會勾住或滯留在消化道中。若在嘴裡或肛門口發現繩頭，要立刻帶貓咪去就醫，千萬不要擅自把線拉出來

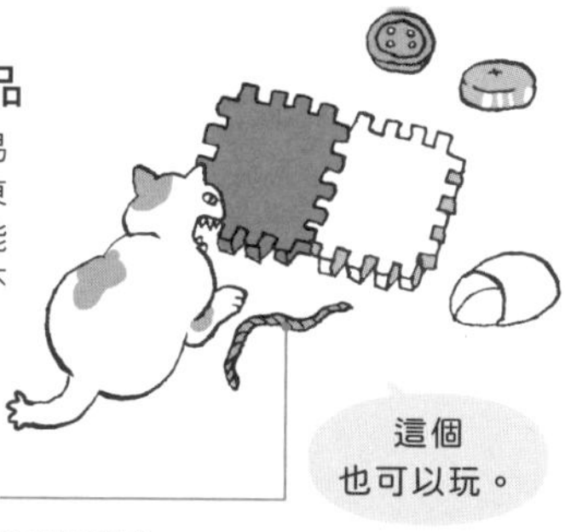

收納好就OK

最好收在有蓋子或可以扣緊的容器裡。

注意房間不要過冷或過熱，容易乾燥的季節要好好調整濕度。

隨著季節變化管理環境

要注意「夏天」和「冬天」

夏天和冬天要善用冷氣及暖氣來控制室溫。貓咪若是年紀愈來愈大，或者是終末期愈來愈近，就會愈來愈不容易自己調節體溫。對牠們來說，最理想的室內溫度是夏天28℃、冬天22～24℃左右。但是溫差與室外相差太大也不好，這點要稍微留意。

另外，冬季氣候通常比較乾燥。因此建議放台加濕器，盡量讓室內濕度維持在50%左右。

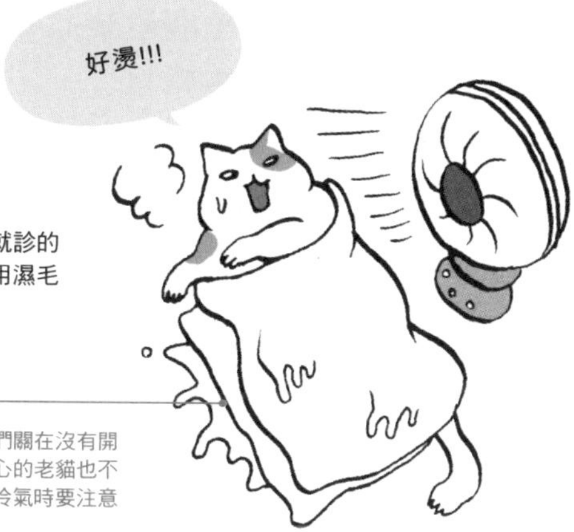

1

貓咪要是中暑了……

貓咪若是疑似中暑，先打電話向經常就診的動物醫院尋求指示。帶去看獸醫時要用濕毛巾將貓咪包起來。

貓咪其實不太會中暑

貓是一種不怕熱的動物。只要夏天別把牠們關在沒有開冷氣的車子或密閉空間裡，就算是令人擔心的老貓也不太會中暑。相對來講，貓咪怕冷。所以開冷氣時要注意溫度，可別開太強喔。

2

貓咪要是被暖爐燙傷的話……

高齡貓通常會動也不動地睡一整天，所以有時會被暖爐等燙傷。一旦燙傷就會毛髮掉落，皮膚紅腫。這種情況要先將濕毛巾貼放在患部上冷卻，再帶貓咪到動物醫院看診。

如何冷卻患部

貓咪燙傷時要冷卻處理。先將水溫調到與一般自來水相同，蓮蓬頭調降水壓之後再沖洗患部5至10分鐘。

3

更應該小心暖桌

暖桌電源若是沒關，窩在裡面的貓咪就有可能會中暑。為了安全起見，貓咪躲在裡面時最好把電源關起來。

電源最好關起來

暖桌電源開啟時視線不要離開貓咪，以防發生意外。

步入高齡後期之後，吸收與消化能力就會變差，這時反而更需要熱量。

高齡貓也要靠飲食攝取營養

貓食的狀態及餵食的方法都要配合貓咪發揮巧思

仔細觀察貓咪吃飯的同時，也要想想貓食要怎麼處理及餵食，好讓貓咪更好進食。牠們要是身體不適，食慾通常就會變差。如果還能吃固體食物，一般的乾貓食也是可以繼續餵，但要隨時配合貓咪的身體狀況準備一些口感較軟的食物。將食物加熱到和人體一樣的溫度也能提高貓食的適口性*。

從食物中攝取營養固然是最理想的方式，但貓咪若是已經無法進食，那就還是請教獸醫，想想對策吧。

＊貓食若要提高適口性，可以從氣味、大小、口感及味道等方面來改進。

1
貓食要處理成方便食用的狀態

除了用水將乾飼料泡開、換成口感較軟的濕食或加以溫熱，亦可撒些柴魚片等增添風味。除了貓食，也可以準備水煮蛋或燙熟的雞胸肉等吃了不會危害健康的食物。只要貓咪喜歡，都可以讓牠們吃。除了正餐，也要多多補給水分。

貓咪的喜好各不相同

每隻貓咪的喜好各有不同，即使是同一隻貓，喜歡的東西也會隨著年齡不同有所改變。

吞不太下去的時候……

可以換成顆粒較小的乾飼料，或者是把貓碗放在高約10cm的層架上。

2
餵食時要選擇貓咪願意多吃的方式

貓咪如果不吃盤子裡的食物，試著用湯匙或手直接餵食。如果是流質食物，那就用滴管或者注射器將食物灌進嘴裡。

下巴依然力量強健

貓咪下巴的力量不會隨著年齡增長而衰弱，因此用手餵食時要小心，可別被貓咪咬到。

流質食物的餵食方式

餵食流質食物的時候1天可以分2～3次。每次的分量以每1公斤的體重不超過10ml為佳。要是接近終末期，那就從每1公斤的體重餵食5ml左右開始。不過流質食物餵得太快反而會讓貓咪嗆到，因此要慢慢餵食。

3
水分也很重要

飲水不足會導致尿道結石（尿石症，P88），因此要和餵食正餐一樣好好管理。就算想盡辦法貓咪還是不肯喝水的話，那就用打點滴的方式補充水分吧。點滴的話有皮下點滴與靜脈注射這兩種方法。如果是皮下點滴的話就可以在家自己施打。

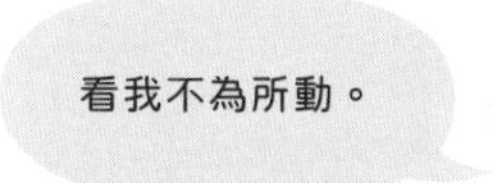

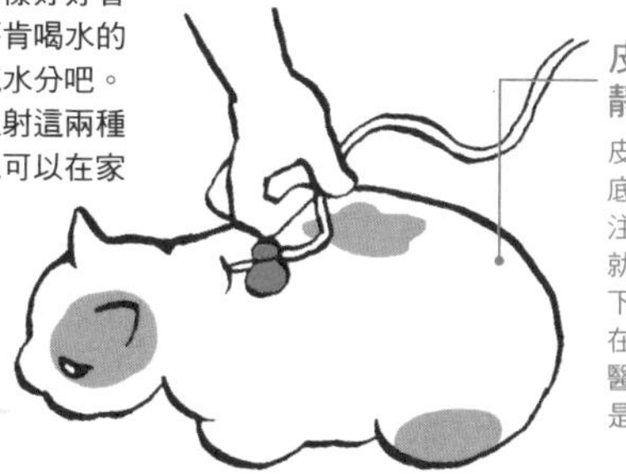

皮下點滴和靜脈注射的不同

皮下點滴是要將水分打進皮膚底下，使其擴散到全身；靜脈注射則是將水分打進血管裡，就輸送水分而言，效率會比皮下點滴好。皮下點滴雖然可以在家施打，但是一定要接受獸醫指導才行。至於靜脈注射則是要在動物醫院裡施打。

為高齡貓設計的廁所

貓愛乾淨，所以廁所要隨時保持清潔。年紀大的高齡貓最好準備稍大而且容易進出的貓砂盆。

消除貓咪對廁所的不滿

終末期的貓咪最常遇到尿失禁或無法順利上廁所等情況。即使沒有腎臟病或膀胱炎等泌尿系統相關疾病，高齡貓的肌肉還是會慢慢衰弱。會不會被貓砂盆的邊緣絆倒？上廁所空間會不會太小？貓砂盆有沒有清理乾淨？是不是放在人類經常走動的地方？這些廁所環境都要好好重新檢視一番喔。

聽說最近市面上推出了功能性強的貓砂盆，只要貓咪一進去上廁所，就會自動測量尿量、排尿次數以及體重，並且將數據傳到智慧型手機裡呢。

1 方便進出的廁所

肌肉無力的老貓跨進廁所裡可能會不太容易，因此飼主要準備一個入口較低的貓砂盆，或者在廁所前放一個斜坡或台階，盡量讓貓咪能輕鬆踏進廁所裡。

廁所要隨時保持清潔

貓咪一上完廁所就立刻清理。不要忘記順便檢查尿液及糞便的狀態。

2 挑選顆粒較小的貓砂

盡量選擇細貓砂，讓高齡貓好踩踏、好撥砂。不過每隻貓對於貓砂的觸感及香味各有喜好，飼主不妨多選幾種讓貓咪試用。

每天確認貓咪的如廁狀況

功能性強的貓廁所可以讓飼主透過智慧型手機管理貓咪的體重、尿量、排尿次數、上廁所的次數和停留時間，而且市面已經有好幾種商品可以選擇，讓飼主可以隨時注意貓咪的細微變化。

尊重貓咪的獨立性

有的貓咪即使沒辦法走到廁所，照樣可以靠自己排泄。只要貓咪「做得到」，那就放手讓牠們去做。

3 飼主要幫忙

貓咪有時候會因為身體狀況或生病而失禁。只要貓咪還能走，那就把貓砂盆移到活動範圍附近，或者由飼主帶去上廁所也可以（P42）。

幫助貓咪排泄

飼主可以稍微思考廁所的擺放位置，或者幫助貓咪移動到貓砂盆旁，讓牠順利在廁所裡排泄。屁股若是弄髒了就幫牠們擦乾淨吧。

貓咪是會想靠自己在廁所裡排泄的動物

要是覺得貓咪走到廁所有點辛苦，那就把貓砂盆放在睡床旁，或者增加廁所數量，甚至直接抱牠們到廁所也可以。要是常常邊睡邊排泄，也就是失禁的話，不妨考慮讓牠們穿貓*尿布。只是有很多貓討厭穿尿布，所以最好是等到貓咪已經無法自由活動的時候再採用這個方法。在這之前飼主就好好幫助貓咪，帶牠們去上廁所吧。

＊貓尿布可在寵物用品店購買。另外，人類的嬰兒紙尿褲要是在尾巴的位置剪個洞也可以當作貓尿布來使用。

1 協助貓咪排泄

貓咪要是因為下半身肌肉無力，上廁所會搖搖晃晃的話就輕輕支撐牠們的腰部。站立的時候若是有困難，可以幫牠們穿上尿布。倘若貓咪已經無法自行排泄，那就接受獸醫的指導，為貓咪擠壓排泄（透過按壓腸子、膀胱及肛門以促進排泄的方法）。

時間到了。
去上廁所吧！

掌握上廁所的時間

貓咪若是不能靠自己如廁，飼主就要記得上廁所的時間，定期帶牠們去上廁所，或者將貓砂盆放在睡床附近也可以。

便祕好難受喔。

2 以畫「の」的方式按摩促進排泄

貓咪的腸道呈「の」字。只要以畫「の」的方式用指腹按摩貓咪的肚子，這樣就可以幫助牠們刺激排便。要是畫「の」字有困難，那就由上往下按摩。

優格也能幫助排便

貓咪若是不喜歡按摩，可以餵牠們吃優格。只要一小匙，就可以讓糞便變軟，順利排泄。若有便祕專用的營養品也可以善加利用喔。

3 弄髒的地方要清潔乾淨

貓咪一旦體弱，就會非常容易受到感染。所以貓咪排泄後要用擰乾的濕紗布幫牠們將肛門擦拭乾淨，以防細菌滋生。

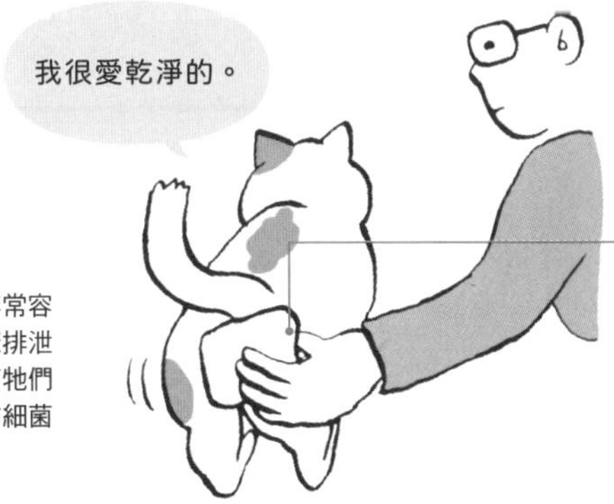
我很愛乾淨的。

清潔臀部的注意事項

拉起尾巴擦拭臀部時尾巴不可以拉太高。若是朝頭部彎曲超過90度的話，反而會對貓咪的骨骼及神經造成負擔。

貓咪的身體要用毛巾擦洗，還要局部護理耳朵、臉（眼睛，鼻子，嘴巴）與臀部，以及修剪爪子。

保持身體清潔

學會適合高齡貓的照護方式

飼主要勤於護理貓咪的身體，保持清潔，免得體力與免疫力慢慢變差的牠們受到感染（P98．100），這點很重要。

貓咪體力一旦變差，就不會再理毛*或磨爪子。毛若是掉太多，毛球就會塞住腸子，這樣反而會引起腸阻塞，嚴重的話可能還要動手術才能處理。指甲要是太長，有可能會勾到地板導致受傷。貓咪明明不喜歡但卻強行梳理修剪的話反而會讓牠們有壓力，故處理時要格外小心。

*貓咪若是不再理毛，臀部及腰部會非常容易弄髒。
這兩個部位有很多分泌腺，因此要經常幫忙擦拭，保持清潔。
另外，嘴角容易因為口水或食物而弄髒，也要多注意。

就算年紀大了
也想要乾乾淨淨的。

1 不需要洗澡，用毛巾擦洗就好

貓咪身體用濕毛巾擦洗就可以了。冬天的話要用熱水沾濕的毛巾擦，不過擦洗之前要記得先梳毛喔。

要勤於梳毛

就算沒有要擦洗身體，短毛貓也要每週梳毛2次，長毛貓則是要每天梳理。只要有梳毛，貓咪的毛就比較不會黏在一起，而且還能避免牠們把毛球吞下去。短毛貓用橡膠除毛梳，長毛貓的話則是要用除毛鋼梳。

用毛巾擦洗的注意事項

毛巾沾濕之後整個擰乾，順著毛髮擦拭乾淨。不過毛髮一濕會非常容易著涼，因此室溫要先調高1～2度，之後再來幫貓咪擦身體。

2 清潔眼睛與耳朵，預防疾病

高齡貓非常容易有眼屎，因此眼睛周圍要勤用乾紗布清理。耳朵內部的汙垢就用乾的化妝棉清潔。頻率方面以每週各清理1次為佳。

交給專業的來吧。

嚴禁強行清潔！

眼睛與耳朵是非常脆弱的部位。要是在家幫貓咪清理有困難的話，就請獸醫幫忙處理吧。

爪子變長就會沒有彈性。

3 修剪指甲，防止受傷

貓咪爪子變長就要幫忙修剪。若是置之不理，勾到地毯會有危險。貓咪若是不肯讓人剪指甲，那就請動物醫院幫忙處理。

高齡貓的爪子較粗

貓咪的爪子會隨著年齡增長而變粗，這樣在幫牠們修剪指甲的時候就要更用力才行。所以飼主要勤於修剪，盡量減少剪指甲時的衝擊。

幸福的晚安時光

因為睡覺的時間會愈來愈久，所以要幫貓咪布置一個可以安心熟睡的環境喔。壓力是牠們最大的敵人。

終末期的貓咪有時1天會睡超過20個小時

貓咪只要體力一衰弱，除了吃飯和上廁所，絕大部分的時間都在睡覺。尤其是終末期，讓牠們擁有一段舒適的睡眠時間很重要。

先為貓咪布置一個舒服的睡床吧。除了帶有貓咪自身氣味的毯子，沾有最愛飼主氣味的刷毛舊衣服也可以順便鋪上去。另外，貓咪在睡覺時不要忘記偶爾看看狀況喔。

1
打造一個讓貓咪安心的環境

睡床可以擺放在飼主身旁，這樣貓咪會睡得比較安心；如果貓咪喜歡看外面，那就擺在窗邊。總之盡量配合貓咪的喜好，選擇一個可以讓牠們安心放輕鬆的地方。

注意溫度變化

即使是貓喜歡的環境，也要盡量避免日夜溫差過大、會影響身體健康的地方。

2
能為臥床不起的貓所做的事

貓咪若已無體力如廁，那就在睡床上鋪層尿墊。另外，為了安全起見，床邊不要放枕頭，以免貓咪嘔吐時嘔吐物逆流。

要常保清潔

貓咪臥床不起時要特別注意衛生，因為這個時期的免疫力非常容易變差，只要睡床周圍常保清潔，就能預防感染。

3
長時間姿勢不變要小心褥瘡

雖說貓咪身體輕，長久臥床不容易長褥瘡，但是只要一直維持同一姿勢不動，就算是瘦弱的貓也會長褥瘡的。因此睡床下面要墊個抱枕或毛巾，並幫牠們變換姿勢。

使用褥瘡預防墊

若是擔心長褥瘡，可以向獸醫請教對策。另外市面上也可買到能夠減輕身體壓力、預防褥瘡的床墊。

要讓貓咪運動或幫牠們按摩，盡量刺激肌力，以延緩腿部和腰部力量衰退。

以運動及按摩維持身體功能

在接觸交流的時候
讓貓咪保持肌力

飼主要好好讓貓咪運動或幫牠們按摩，這樣才能避免牠們肌肉無力，同時維持身體功能。

要是到了終末期，貓咪的腰腿就會漸漸變得無力。筋骨要是一直不活動，關節與肌肉就會非常容易僵硬，所以多多少少還是要讓貓咪運動，並且搭配按摩來刺激肌力。在做屈伸運動及按摩時若一邊和貓咪說話，還能增進交流。當然，貓咪要是不喜歡的話就不要勉強，這點很重要。

1
運動時要重視左右而不是上下

對高齡貓來說，從高處上上下下會愈來愈不容易，所以最好不要讓牠們跳上跳下，以免墜落。多製造一些可以稍微動動身體的機會，盡量趁貓咪還能活動的時候讓牠們在地板上多走走。

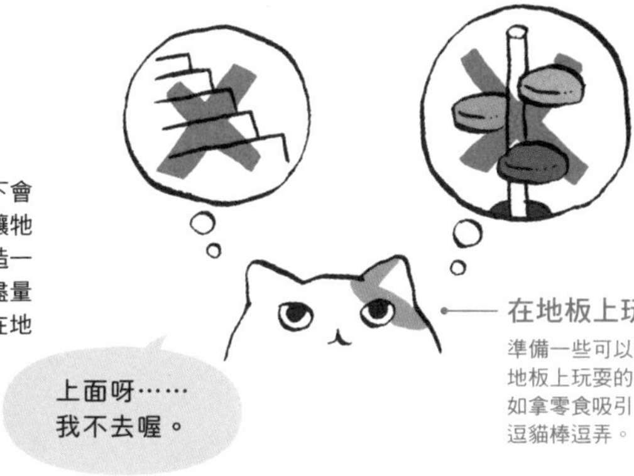

在地板上玩耍

準備一些可以讓貓咪在地板上玩耍的遊戲，例如拿零食吸引，或者用逗貓棒逗弄。

缺乏運動時的輔助

注意不要太過用力，免得傷到貓咪。即使家中的貓咪長臥不起，也要試著溫柔地按摩牠們的腳，但可別把牠們給弄疼喔。

2
按摩刺激肌力

慢慢彎曲或伸展貓咪的膝蓋，做些屈伸運動，或者是輕輕按摩牠們的身體。貓咪若是不喜歡，剛開始可以先適度刺激貓咪感覺舒服的部位，再慢慢幫牠們按摩。

3
貓咪想到室外該怎麼辦

貓咪若是出門，有可能就此回不來或發生意外。若是堅持一定要出去，可以帶到院子之類的地方走走就好。貓咪在室外的這段期間一定要在身旁陪伴喔。

一定要陪在身邊！

一定要讓貓咪在視線範圍內同時不會逃脫的環境中玩耍，例如自家庭院。時間的話最好是白天溫暖的時候。

察覺貓咪的疼痛，適當應對

貓咪即使痛到不舒服也不會主動表達，所以要細心觀察，善加留意。

積極採納舒緩治療

貓咪的疾病若會伴隨疼痛，就要與獸醫商量，採行使用鎮痛劑的舒緩治療會比較有效。過去日本就算是手術之後引起的疼痛，也沒有使用鎮痛劑來減輕疼痛的習慣（P52）*，不過現在已經開始積極採用了。

貓咪無法用語言表達疼痛，不過我們可以參考左頁的表格來瞭解牠們的心情。然而，若是過度劇烈的疼痛，有時貓咪反而會無法做出任何反應。

＊甚至有人認為正因為動完手術之後會痛，貓咪才不會亂動。

確實的投藥方式

飼主若是知道哪些吃藥方式貓咪不接受，例如「不吃藥粉」，也要記得告知獸醫。

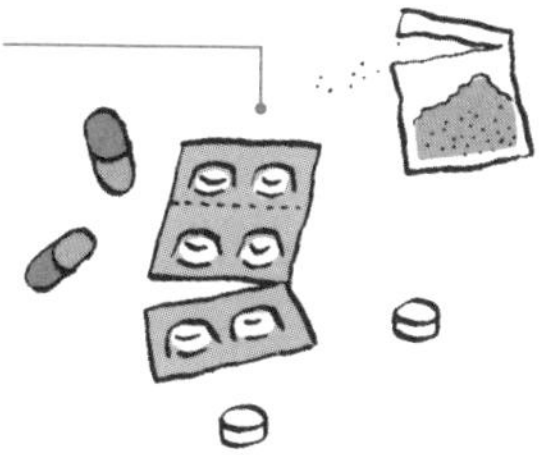

時下採用「多模式」的舒緩治療

所謂的多模式，指的是搭配數種鎮痛劑的治療方式，而非採用單一鎮痛劑來治療。不過每個病例情況不同，建議先與獸醫討論之後再來納入照護之中。

貓咪疼痛程度推測表

這是從貓的姿勢和狀態來推測疼痛程度的圖表。愈是往上，疼痛程度就愈高。

疼痛程度	貓咪的狀態	精神狀態和行為	觸診的反應	身體緊張程度
5		□躺著 □對周圍沒有反應 □接受照護	□沒有反應 □身體僵硬	中度～重度
4		□不停地哀嚎 □會咬或舔舐傷口 □不想動	□會咆哮或哈氣	中度
3		□蜷縮著睡覺 □毛髮沒有光澤 □對感到疼痛或不適的部位不斷理毛 □對食物不感興趣	□有時會有攻擊行為，有時則沒反應	輕度～中度
2		□有安靜窩在角落的傾向 □對於周圍事物不感興趣	□反應時有時無	輕度
1		□心情看似平靜 □對周圍環境感興趣	□觸摸身體時不會排斥	最低限度
0				

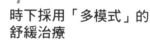

為貓咪止痛

貓是一種會忍住疼痛、絕不示弱的生物。牠們並不是感覺不到疼痛，只是一直在忍耐而已。

控制疼痛以減輕壓力

直到大約20年前，人們以為「貓沒有什麼痛覺」，因此幾乎無人進行疼痛相關的研究。

不過現在不管是以動物福祉的角度考量還是從醫療立場來看，控制疼痛這個領域已經開始受到重視，因為人們發現貓咪長久忍痛會影響到病情以及術後療養。鎮痛治療在過去10年不僅頗有進展，甚至還有專門為貓研發的止痛針、口服藥及止痛貼片。

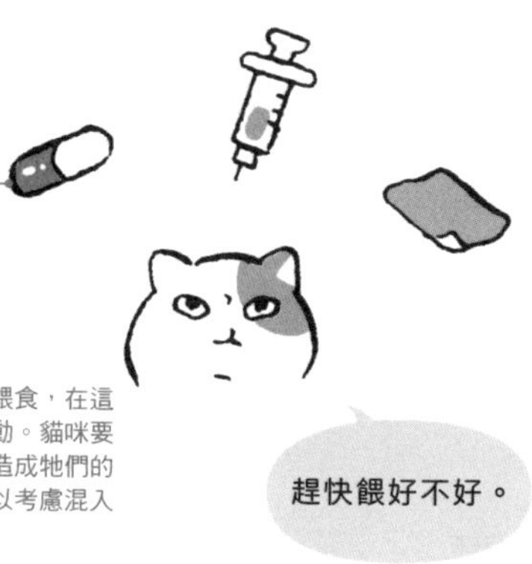

1 使用鎮痛劑

向獸醫詳細詢問效果及副作用之後再來使用鎮痛劑，例如打止痛針、餵口服藥，或者是根據症狀選擇止痛貼布（貼片型）。

有的貓咪不愛吃藥

藥錠必須讓貓咪開口才能餵食，在這種情況之下牠們可能會暴動。貓咪要是討厭藥味，硬餵反而會造成牠們的壓力，在這種情況之下可以考慮混入貓食中餵食。

2 急性疼痛與慢性疼痛皆適用

除了急性疼痛，慢性疼痛亦可採用疼痛控制。高齡貓有時會因為關節出現變化而罹患會引發慢性疼痛的退化性關節炎。因此要長期照護，一邊使用NSAID（非類固醇類消炎藥）舒緩疼痛，一邊保護關節功能以防惡化。

止痛貼片壓力較小

貼片的鎮痛效果不僅出色，更重要的是與打針及吃藥的止痛方式不同，比較不會對貓咪造成壓力。

嚴禁過胖

因為年齡增長而出現的退化性關節炎會因為肥胖而惡化。

3 投藥與按摩分成2步驟

貓咪承受的疼痛如果因為鎮痛劑發揮作用而得到舒緩，接下來就可以讓牠們稍微做一些運動或者是幫牠們按摩，以維持肌肉功能。如果貓咪關節會痛就要好好控制體重，避免過胖。

多少活動一下身體

要是貓咪害怕移動身體，那就慢慢地彎曲及伸展牠們的腳，就算只是撫摸身體，也能刺激牠們的肌肉。長臥在床的貓咪若是不覺得痛，那就幫牠們揉一揉身體吧。

出門之前要準備齊全

逼不得已必須讓貓咪自己看家時，出門前一定要好好整理環境，回家後也要觀察貓咪的狀況。

回家後一定要檢查貓咪的狀況

貓咪一旦到了終末期，身體會隨時出現突發狀況，因此飼主要避免不必要的外出。

然而有些時候，我們會因為工作或其他事而不得不讓貓咪自己在家。將貓留在家裡時，前後這段時間都要注意。出門前一定要把環境整頓好，以防貓咪在看家期間發生意外。回家後務必要好好檢查外出期間貓咪是否有吃東西或喝水、有沒有上廁所，以及身體狀況有沒有異常。

1
出門前的檢查
① 水

要是貓咪在飼主外出期間不小心把水打翻，這樣非但沒水喝，身體也會被弄濕。所以最好使用穩固的容器裝水，並且多設置幾個喝水點。

夏天和冬天的注意事項

夏天一旦沒有水喝，貓咪就有可能會脫水。另外，身體要是被水打濕，特別是在冬天就會容易感冒，這些都要留意。

2
出門前的檢查
② 溫度

窗戶要關緊防止貓咪跑出去，同時室內要用冷暖氣調到適當溫度（P36），並且盡量在出門前30分鐘打開電源，這樣就不會失手開錯冷暖氣了。

最後再確認一次

盡量養成出門前再確認一次空調的「冷暖氣」有沒有開錯的習慣。

3
需要特別注意的危險點

終末期的貓咪因為肌肉無力，要是躲到家具底下或電視後面的話，就有可能會跑不出來，所以那些貓咪容易鑽進去的縫隙要塞起來。

確保貓咪的安全

有些貓喜歡狹小的地方。要整頓出即使人不在貓咪也能安全的環境。

獨自居住者如何照顧高齡貓

1
讓高齡貓看家的最長時間

盡量不要超過24小時，而且獨自在家的時間愈短愈好。若是長時間不在家，可以請家人或朋友幫忙照顧。

貓咪若是年輕，只要有足夠的食物和水，就可以獨自在家2天；但如果是高齡貓，身體有可能會出現突發狀況，所以飼主要盡量避免外宿才能安心。

2
請貓保姆照顧

找從事這一行的時間長而且經驗豐富的貓保姆也是一個不錯的選項。記得飼主及貓咪要先與貓保姆直接見面，以確定彼此合不合得來。

以日本狀況來說，貓保姆的收費每次大多落在3,000日圓以內。不過有些業者情況不同。另外，每一次可以照顧的隻數、範圍以及停留的時間也會影響收費。

3
在房間安裝攝影機，隨時守護貓咪

只要在房間裡安裝攝影機，就算外出也可以透過智慧型手機確認貓咪的狀況，隨時觀察牠們的模樣。

不管是靜止畫面還是影片，只要能掌握狀況，出門就會更安心。攝影機有定點（固定）型的，也有可以上下左右轉動角度的遠距操控型，選擇非常豐富。

亦可選擇看護設施

1 選擇老貓之家

若是因為工作關係而無法照顧貓咪，飼養到最後一刻的方法之一，就是選擇可提供日常照顧與看護的「老貓之家」（寵物照護機構）。

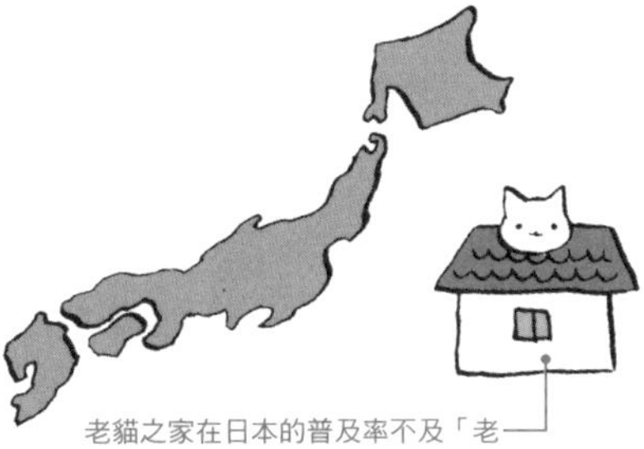

老貓之家在日本的普及率不及「老狗之家」，而且未必全國都有。至於價格方面，東京都內的行情價則為每月50,000日圓～。

2 調查老貓之家

以日本為例，必須要符合日本環境省制訂的動物保護管理法「第一類動物處理業」所規定的標準。另外，在貓咪身體突然發生狀況或者是死亡後會如何應對等事宜都要親自面談確認，慎重判斷。

希望老貓之家提供什麼樣的照護、想讓愛貓在那裡過什麼樣的生活等，這些都要配合貓咪的現況與將來再決定。

3 可以與貓同住的一般療養院

飼主若是必須入住療養院，有些設施則會允許貓咪同住。這也是讓彼此安心生活的方法之一。

目前（截至2022年5月）日本共有132家一般療養院可以帶貓入住。但是主要集中在關東地區，尚未在全國普及開來。

COLUMN

2

貓、香菸和疾病

貓最常見的疾病之一是惡性腫瘤中的淋巴瘤。據說飼主吸菸是增加這種疾病發作風險的主因之一。

不僅如此，飼主是吸菸者的貓咪得到淋巴瘤的機率還比非吸菸者家庭的貓咪高出2.4倍。這是2002年在美國學術期刊《American Journal of EPIDEMIOLOGY》上發表的一篇論文所得到的調查結果。這篇論文根據調查結果得知飼主若是「吸菸超過5年」、「1天1包菸」、「家裡至少有2個人吸菸」的話，貓咪發病的機率就會更高。

人類也是一樣。吸菸者的二手菸也因為影響到非吸菸者的健康而造成問題。如果是貓咪的話，附近要是有人吸菸，當然就會吸入二手菸。而另外一個原因，就是貓在梳理毛髮也會不小心把沾在身體上的香菸粒子給吞下肚。

最理想的情況就是戒菸，但若是戒不了菸，那麼最起碼不要在貓咪的附近吸菸。

第 3 章

從行為觀察生病的徵兆

看診徵兆①

跑到寒冷的地方

如果家中的高齡貓或病貓長時間或經常待在寒冷的地方那就要注意了。

跑到冷的地方是臨終的徵兆嗎？

貓咪身體不舒服的時候偶爾會去冷的地方休息。出現這種行為有2種原因，一是身體發生變化，使得正常體溫下降。例如正常體溫要是從38度降到36度的話，就會覺得以往的室溫有點熱。另一個原因是當貓咪身體不適時，躲起來的地方剛好比較冷。但不管是哪一種情況，都有可能是因為身體突然不適，所以最好先給貓咪裹上毯子，讓身體保持溫暖，同時盡快就醫。

不要管我啦。

1 在家中較冷的地方找找看

冷一點的地方通常不太會有人注意，貓咪往往會躲在那裡，所以平常要多加留意這些比較陰涼的地方。

所謂較冷的地方

室內比較冷的地方有玄關、走廊、浴室、遠離暖氣的木頭地板，還有壁櫥等。這些都是貓咪經常躲藏的地方。

2 幫貓咪保暖身體未必是好事

貓咪有時候是因為熱才會跑到陰涼的地方，所以幫牠們保暖身體未必是好事。建議先詢問動物醫院，再來對症下藥。

沒有
那麼單純喔。

該如何判斷「只是覺得很熱」？

當健康的貓從氣溫、室溫較高的地方移動到別處時，就可以認為牠們「只是覺得熱而已」。

我為什麼會
在這裡～？

3 避免自己判斷，盡量向獸醫諮詢

貓咪若是有舊疾或身體不適，當牠突然跑到氣溫較低的地方，那麼就算是夏天，也要向醫師詢問狀況，因為這有可能是體溫下降而造成的。

掌握細節

正確傳達貓咪的狀況，例如在什麼樣的地方待了幾分鐘，這樣獸醫才能做出適當的診斷。

看診徵兆②

沒有精神

有時飼主可從一些小小變化來判斷病情。因此要好好觀察貓咪的行為，試著找出感到異樣的理由吧。

超過1天沒有精神就要前往醫院

貓咪的情緒和人類一樣會有高低起伏，但是這種情況若是持續超過1天，那就要懷疑貓咪是不是生病了。遇到這種情況要先觀察牠們的行為，試圖找出之所以覺得「貓咪沒有精神」的理由。有些疾病可以從走路的方式或脖子的位置來推測，所以要把察覺到的異狀寫下來並告知獸醫。缺乏活力未必是終末照護的徵兆，但有可能是腎臟病（P94）、甲狀腺機能亢進症（P96）或是糖尿病（P102）等疾病而引起的異常現象。

1
「沒有精神」的情況有很多原因

「沒有精神」有時會是生病的徵兆，也有可能單純是「看起來的感覺」而已。因此飼主首先要仔細觀察，試圖找出原因。

先觀察

也要對照貓咪的個性，看看牠的行為是因為「情緒波動」，還是因為「身體不適」。

2
用後腳跟走路

當貓咪用後腳跟走路，代表牠罹患糖尿病的機率很大。這有可能是因為神經細胞失去功能造成的，所以要盡快帶去看獸醫。

正確傳達狀況

貓咪令人在意的地方最好拍張照片，幫助獸醫診斷。

貓咪的後腳跟

所謂後腳跟是指骨頭突出的部位。

3
頭頸總是低垂

貓咪健康的時候頭部會抬得比背部這條線還要高。要是像鞠躬那樣一直低頭，就要懷疑貓咪是不是因為腎臟病（P94）或甲狀腺機能亢進症（P96）而引起低血鉀。

注意低頭鞠躬的姿勢

觀察貓咪低頭的時間和頻率，這些資訊在看診時告知獸醫會有所幫助。

危及生命的眼疾雖然很少，但還是要讓貓咪接受治療，這樣才能維護生活品質。

看診徵兆③
視線無法相對

即使貓咪失明 飼主也不易察覺

若是發現與家中高齡貓的視線無法相對，那麼就要猜測是不是失明了。貓的聽力*相當靈敏，光靠腳步聲與振動就能掌握情況。特別是「家貓」與「放養貓」只要室內環境夠熟悉，照樣能夠活動自如，而且聽到有人喊叫照樣會回頭反應，所以就算貓咪已經失明，飼主也不容易察覺。

失明的原因包括了高血壓、視網膜出血及青光眼。若是發現貓咪眼睛充血變紅、眼屎變多或者是頻頻掉淚，最好向獸醫諮詢情況。

*除了聽覺，貓咪還可以利用鬍鬚測量距離。所以就算失明，還是能夠靠鬍鬚等其他感覺器官來掌握情況。

1

眼睛異常①
瞳孔大小異常

左右兩眼的瞳孔大小若是不同，或者一直沒有變化，極有可能患了青光眼、大腦或神經相關的疾病，最好帶去動物醫院檢查。

無論是亮處還是暗處都NG

貓在暗處時瞳孔通常都會自然放大。若要掌握眼睛的狀況，最好是在既不太暗也不會太亮的地方進行。

2

眼睛異常②
眼球來回擺動的「眼球震顫」

眼球左右不停擺動的症狀稱為眼球震顫，有可能是腦部或耳朵生病造成的。有時可以透過擺動的方向（左右、上下、翻白眼）來判斷疾病。

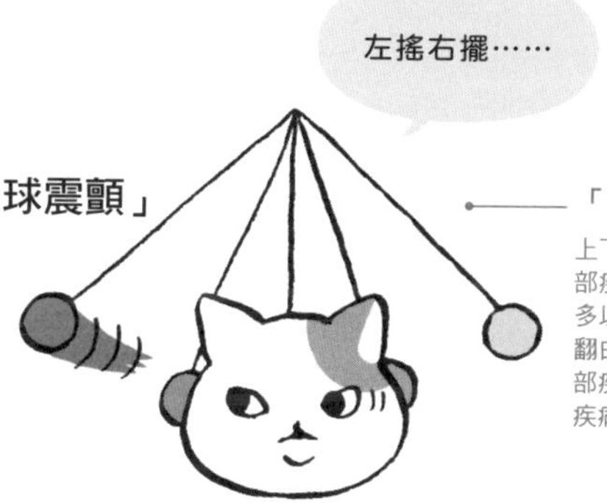

「眼球震顫」的類型

上下擺動的話有可能是腦部疾病；左右擺動的話大多以耳部疾病為主。若是翻白眼，那就有可能是腦部疾病，也有可能是耳部疾病。

3

若是視力變差

若是移動家具，重新布置，視力變差的貓咪就會因為無法掌握環境而東碰西撞。一旦察覺貓咪視力變差，家中的擺設就盡量不要變動。另外，因為東西會看不清楚，所以暗處要放一盞夜燈。

**用棉花
測試視力**

在貓的面前丟一個像棉花這種不會發出聲音的東西。若是沒有反應，就代表失明的可能性很高。這種情況最好讓牠們生活在熟悉的環境。

看診徵兆④

對周圍漠不關心

生病不舒服的時候貓咪可能會一副漠不關心的樣子。這時候要適當給予治療，讓貓咪安心。

劇烈疼痛或疾病會讓貓咪一直「沒有精神」

貓的警戒心非常強，就算是高齡貓，依舊會對情況的變化非常敏感。若是對周遭發生的事情漠不關心，那麼情況就有可能會比「沒有精神」（P62）嚴重。直接躺在動物醫院的看診台上，就算獸醫觸診也沒有反應的話，就代表漠不關心的情況相當嚴重，有可能是因為病入膏肓而相當不舒服。但如果是腦部疾病，就算身體健康，有時對於周遭也會出現無動於衷的反應。因此也要將此可能性納入考量，向獸醫師諮詢。

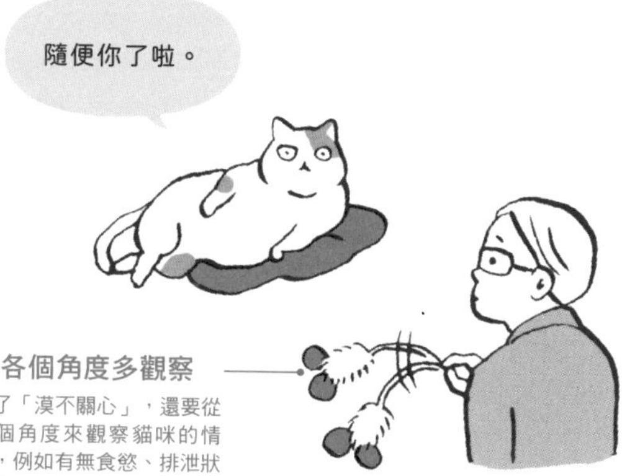

1
「沒有精神」說不定是因為病情惡化

貓不太可能和人類一樣因為精神問題而冷漠以對，有可能是因為生病。這種情況正好告訴飼主要做好心理準備，因為終末照護的時期應該快到了。

從各個角度多觀察

除了「漠不關心」，還要從各個角度來觀察貓咪的情況，例如有無食慾、排泄狀況等。

2
也有可能因為病痛而苦不堪言

貓咪若是因為某種疾病而疼痛不已，有時會痛到無法向周圍做出反應。這時候飼主最好和動物醫院討論治療方式及舒緩治療相關事宜。

先找到原因

愛貓若是事事「漠不關心」，飼主往往會因此覺得不安。此時的首要任務，就是找到貓咪如此冷漠的原因。

放鬆效果

貓咪若是身體不適，多少會因此而有壓力。若能處在輕鬆舒適的環境裡，就能稍微減輕心中的壓力。

3
陪伴在旁讓貓咪安心

飼主陪伴在旁或許能讓貓咪感到安心。要是貓咪喜歡讓人摸，那就好好摸摸牠們；若不喜歡讓人抱，那就餵些零食來吸引牠們的注意。

平時呼吸淺短是生病的徵兆。因為每次吸進去的空氣量少，呼吸的次數才就會增加。

看診徵兆⑤

呼吸淺短

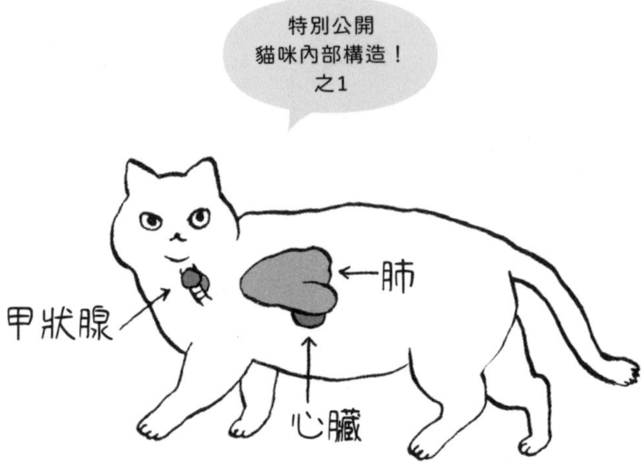

有呼吸淺短的狀況時要注意

呼吸淺短有可能是心臟、肺部或甲狀腺等疾病所引起的。另外，貓都是用鼻子呼吸的，若是用嘴巴呼吸就要注意了。飼主只要記住呼吸異常是生病的跡象並且帶去看診，這樣就會比較安心。裝籠準備帶去動物醫院時要輕輕抱起，盡量不要影響到貓咪呼吸。

不過高齡貓睡眠時間長，不易看出呼吸變化。若想早期發現，就要每日觀察。建議用拍影片的方式，這樣比較容易測量呼吸數*。

＊指每分鐘的呼吸次數。

如果是運動後
可能是自然現象

根據當時的情況掌握貓咪的身體狀態非常重要。既然呼吸是重要的徵兆，那就更要冷靜觀察。

1

剛運動完有時呼吸會比較急促

剛運動完或興奮的時候貓咪通常會用嘴巴急促呼吸。另外，呼吸的次數也要確認。健康的貓咪，每分鐘的鼻呼吸約為20～40次。閉上嘴巴用鼻子呼吸叫做鼻呼吸。這個時候我們可以從貓咪的胸部起伏狀況來計算呼吸數。

2

注意從鼻翼會起伏的鼻呼吸改成嘴巴呼吸的變化

正常來講，用鼻子呼吸是很安靜的。但是貓咪如果一直動鼻翼而且呼吸急促的話那就要注意了。要是過沒多久就改用嘴巴呼吸，極有可能情況已經不妙，開始呼吸困難了。

愈快愈好

去動物醫院之前先打電話說明狀況，好讓獸醫及早準備看診。

3

帶貓咪去動物醫院

先輕輕地把貓咪捧起來，或者是用浴巾包起來之後再抱起來。放到寬敞而且形狀穩定的外出籠裡之後再帶去醫院。

確保「呼吸道」通順

抱起貓咪時盡量不要壓迫到胸部或喉嚨，以確保呼吸道通順。

某種程度上可以根據有無意識來區分貓咪顫抖是因為痙攣還是低溫。

看診徵兆⑥

身體顫抖

飼主勿慌張冷靜應對

痙攣的原因有2種。一種是腦部疾病，另一種是非腦部疾病。典型的腦部疾病是「癲癇」。此外，腦腫瘤與腦炎也會引起痙攣。非腦部的疾病包括了嚴重的腎臟病（P94）、肝臟病、低血糖，以及礦物質失調。此外，體溫過低的話身體也會發抖，必須分辨是否為痙攣。若是痙攣，通常會失去意識，昏倒在地。

1
失去意識時 手不要靠近嘴巴

痙攣是在失去意識之下肌肉收縮的狀態。有時甚至會有嘔吐的情形，這時手要是太靠近貓咪的嘴巴可能會被咬，所以最好是等痙攣的情況穩定下來之後再來處理嘔吐物。

痙攣要多久才會停？

痙攣停止所需的時間取決於情況，不過通常會在1至2分鐘內穩定下來。痙攣的情況若是持續超過3分鐘，那就要立刻聯絡獸醫，並將貓咪帶去動物醫院。

2
移動到低處 以免因為後座力而墜落

貓咪顫抖時若在高處，要先將其移到低處，以防墜落。若是有痙攣的情形，先用浴巾把貓咪包起來，這樣抱牠下來時就不會被咬了。

痙攣時的應對方法

將貓咪移到低處之後除了拍攝影片，還要準備去醫院。只要痙攣情況穩定下來，放入外出籠裡之後就趕緊帶去就醫。

3
拍攝影片 向獸醫傳遞正確資訊

想要找出貓咪顫抖的原因，提供正確的訊息至關重要。只要提供拍攝的影片，獸醫就能根據線索，正確診斷。

有意識的顫抖

貓咪顫抖時如果有意識，那就有可能是因為寒冷、疼痛或新陳代謝變差造成的。在這種情況之下不要用暖爐或吹風機，用毯子把貓咪包起來保暖就可以了。只要不會因為疼痛而攻擊性變強，被咬的機率就會比較小。

看診徵兆⑦
眼白泛黃

肝臟疾病可從有無黃疸來判斷。關鍵在於檢查眼白，這樣就能看出黃疸。

翻開上眼瞼，好好檢查

貓的眼睛幾乎看不見眼白，但是肝臟疾病引起的黃疸卻通常會出現在眼白中。黃疸是皮膚和眼睛變成黃色的一種症狀。貓咪身上覆蓋著毛髮，皮膚也有顏色，就算變黃也看不太出來，但是只要觀察眼白，就能清楚看出是否有黃疸，因此飼主要定期翻開牠們的上眼瞼好好檢查。耳朵內部也是容易判斷的部位之一。黃疸若是非常明顯，就代表貓咪可能有嚴重的肝臟疾病，要根據疾病類型立即投藥，妥善治療。

1 沒有活力的時候檢查眼白的顏色

貓咪若是沒有精神，可以檢查一下眼白的顏色。有黃疸的話通常會影響活力及食慾，比較容易判斷原因。

態度謹慎很重要

終末期通常會發生許多的狀況，千萬不要想說「應該沒事吧」而疏忽大意。只要覺得貓咪有不對勁，就要好好確認情況。

2 只要出現各種症狀，就有可能是肝臟疾病

貓咪若是出現黃疸，可能代表肝臟的狀態正在惡化。此時通常會伴隨嘔吐和腹瀉等症狀，要立刻就醫。

釐清讓人不安的因素

若是有黃疸以外的異常情況，那就一一把症狀列下來並告知獸醫。

3 住院也要納入考量

肝臟疾病有時住院2～3天肝指數就會恢復正常，有時治療可能會長達1個月。像是重度的脂肪肝（貓肝脂肪代謝障礙*）就需要住院差不多1個月才行。

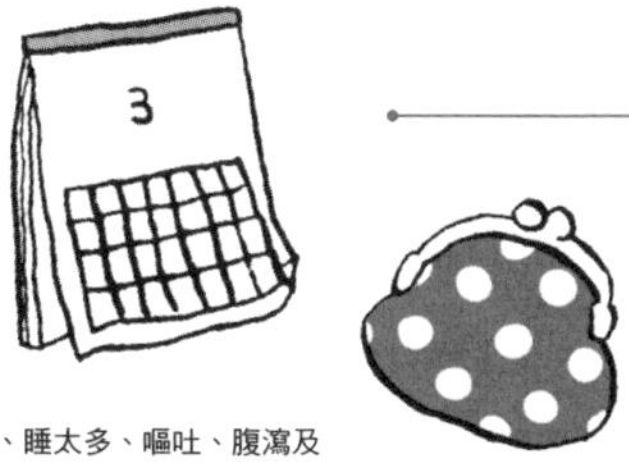

整理現狀

貓咪若要住院，那就要花費時間和金錢照護。因此飼主要配合自己的現況，整理出「做得到」與「做不到」的事。

＊貓肝脂肪代謝障礙的症狀包括食慾不振、睡太多、嘔吐、腹瀉及黃疸。這是過胖貓咪常見的疾病，因此日常飲食管理很重要。

貓咪年紀一大，口腔問題就會變多。
因此要每天觀察臉部，以便立即發現
任何異常情況。

看診徵兆⑧
嘴巴疼痛

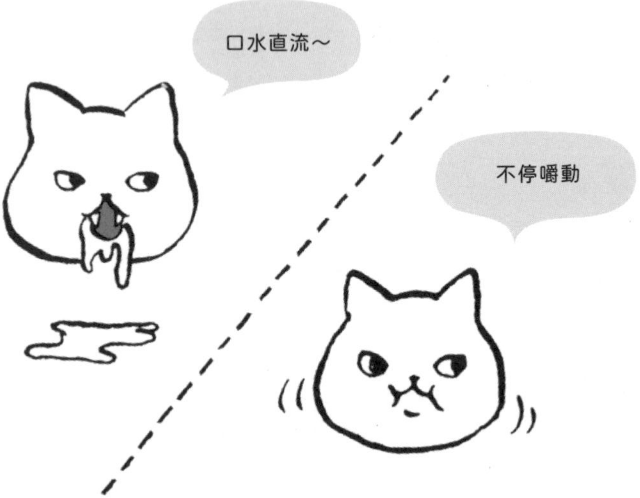

進食方式有變或出現口臭
可能是有口腔疾病

貓咪的牙齒非常容易囤積齒垢，而且口腔問題往往會隨著年齡的增長而漸漸浮出檯面。高齡貓常見的牙齦發炎與牙周病雖然不會危及性命，但若置之不理，就會引發心臟病[*1]或腎臟疾病（P94）。另外好發於口內及臉部周圍的「鱗狀上皮細胞癌」[*2]也要多加留意。這類疾病的主要徵兆有：進食方式改變、口臭變嚴重、嘴巴不停嚼動等。定期帶貓咪到動物醫院做健康檢查，請獸醫協助確認吧。

＊1 高齡貓常見的心臟病有肥厚性心肌病。這是一種因為心室壁變厚而使得心臟失去幫浦功能的疾病。貓咪有時候會因為發病而討厭運動，甚至因此猝死或出現血栓。
＊2 鱗狀上皮細胞癌是一種會致命的皮膚癌。發病的其中一個原因是紫外線，因此色素較少的白貓要特別注意。

1

注意鱗狀上皮細胞癌與牙周病的可能性

要特別注意的口腔疾病有鱗狀上皮細胞癌與牙周病。要是罹患鱗狀上皮細胞癌，極有可能會危及貓咪的生命。若要預防牙周病，那麼平時就要注意口腔衛生，好好為牠們刷牙。

避免「為時已晚」！

牙齦炎一旦惡化，就會演變成牙周病。因此平常在幫貓咪刷牙時若是發現口臭或牙齦出血，那就要立即向獸醫諮詢。

2

先向獸醫諮詢比較安心

貓不太喜歡讓人摸嘴巴，如果會痛的話態度會更明顯。除了在動物醫院定期接受健康檢查，在家若是發現貓咪有異樣，就帶去看獸醫吧。

飼主負責穩定情緒

為了讓貓咪在醫院能稍微放鬆心情，飼主要盡量陪伴在旁，或者帶條有家中氣味的毛巾。

3

餵食時可以花些巧思像是將飼料泡軟等

貓咪如果嘴巴會痛，食慾就會不好，這樣體力往往會跟著變差。一旦知道貓咪不適的原因，準備的貓食就要方便牠們入口。例如將乾飼料泡軟，或者用攪拌機把濕食打成糊狀，總之要配合貓咪的身體情況來餵食。

容易進食又美味

只要用溫水泡開，乾飼料就會變得溫熱，適口性也會更好。

貓咪嘔吐不是生理現象就是生病徵兆。
觀察過後若是發現不符合下列這4個待
觀察的條件，那就要妥善應對了。

看診徵兆⑨ 嘔吐

不要以為「貓會吐是正常的」

即使是健康的貓，也會因為生理因素而嘔吐。但若是認定「貓會吐是正常的」，萬一嘔吐的次數變多，就會忽視異常。只需要繼續觀察情況就好的嘔吐現象必須滿足4個條件：①每週嘔吐的次數不到1次，②體重沒有下降，③有食慾，④沒有腹瀉。頻繁嘔吐不僅會對身體造成負擔，更有可能是甲狀腺機能亢進症（P96）等代謝相關疾病或是癌症造成的，因此及早診療很重要。

1 若是只有吐出毛球可以先觀察

貓咪如果只是吐出毛球，且次數不頻繁那就可以先觀察。高齡貓理毛的頻率通常會愈來愈少，照理說吐毛球的次數也會變少。若是增加，那就要注意了。

多提供判斷情況的材料

吐出的東西若是無法判斷是否為毛球，諮詢時不妨順便帶去給獸醫看，這樣比較安心。若是需要一段時間才能到醫院，可以先拍照。

2 嘔吐物若是逆流極有可能會喪命

長臥不起或患有癲癇的貓咪若是嘔吐，極有可能因為嘔吐物逆流而窒息。所以不要讓貓咪躺枕頭，以免嘔吐物逆流，盡量讓頭的位置低一點。

相當危急的狀況

尤其是當貓咪直接倒地嘔吐時，通常代表牠幾乎沒有體力，在這種情況之下往往只剩2～3天的生命。

3 確定嘔吐的原因對症下藥

不管是生病或誤食異物，許多情況都可以造成貓咪嘔吐。為了要對症下藥，那就帶貓咪到動物醫院接受檢查，得到正確的診斷才是重點。

避免貓咪誤食能做的事

貓咪若是不慎誤食，極有可能會危及生命。所以大小會讓貓咪吞進肚裡的東西盡量不要擺放或掉落在地面。

不停嘔吐或者嘔吐物中混有異物，甚至出現腹瀉或痙攣的情況時，就要立刻帶去動物醫院。

看診徵兆⑩

想吐卻吐不出來

若是不慎誤食要立刻就醫

貓只是吐出毛球並沒有問題，但若一直吐個不停，或者想吐卻吐不出來的話，那麼就要另當別論了，因為這有可能是因為生病、誤食或誤飲所致，因此要立即就醫。貓咪什麼時候、吞了什麼樣的東西、吃了多少、吐了多少次等，看診時提供給獸醫的資訊愈詳細愈好。就算手邊沒有貓咪誤食的東西，若能提供上頭寫著成分內容的商品包裝，獸醫就能及早替貓咪治療。

1

看診前的NG行為

不可為了催吐而讓貓咪舔鹽*。雖然刺激胃可以讓貓咪嘔吐，但若吐不出來，反而會讓牠們因為攝取過量的鈉而導致神經系統出現問題，甚至陷入昏迷。

＊以前的人會讓貓咪舔鹽巴或灌雙氧水來治療嘔吐，但是這種方法已經證明對動物的身體會有嚴重的不良影響，現在已經禁止採用。

雙氧水也禁用

不可以為了催吐而讓貓咪喝雙氧水，因為這會讓牠們的食道及胃黏膜灼傷並潰爛。

2

就診時帶上殘骸

將誤食後剩下的殘骸或嘔吐物裝入塑膠袋，帶貓咪去看診時一併帶去。若是沒有殘骸，帶疑似誤食的東西也可以。

在醫院進行催吐

為了讓貓咪把東西吐出來，醫院會用點滴或針筒施打催吐劑。若不確定是否為誤食，亦可照X光。

誤食症狀檢查表

- ☐ 連續或間歇性反覆嘔吐
- ☐ 想吐卻吐不出來
- ☐ 沒有食慾
- ☐ 嘴部有異樣感。嘴巴開開合合
- ☐ 把嘴巴弄髒，或口水直流
- ☐ 沒有精神，蜷縮成一團
- ☐ 身體顫抖

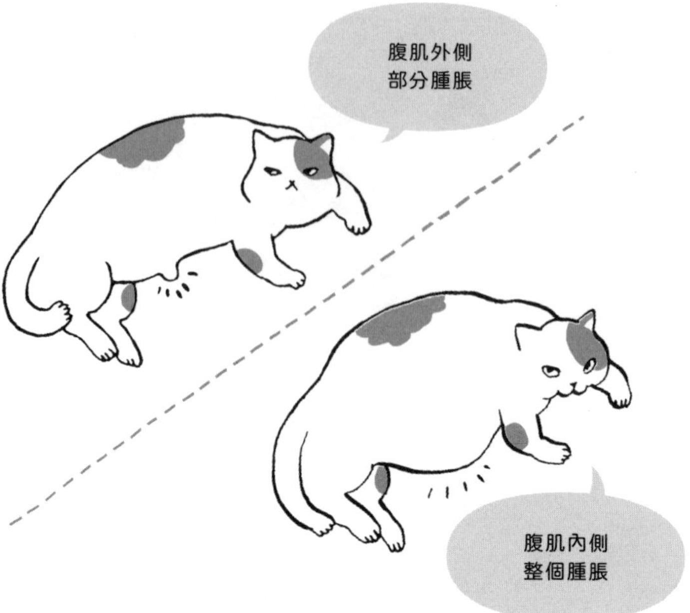

看診徵兆⑪

腹部腫脹

腹部腫脹極有可能是危及生命的疾病造成的。若是發現這種情況，就要立即帶去看獸醫。

腫脹會在腹肌的內部或外側

有時飼主可以根據腫脹的狀態來確定原因，藉此判斷病情。如果腹肌外側局部隆起，那就是腫塊。這有可能是癌症引起的，除了帶到動物醫院看診，還要定期用尺測量大小。如果是腹肌內側整體腫脹，有可能是癌症導致的內臟腫脹或腹水囤積，因此要立即就醫。雖然也有可能是因為肥胖或懷孕，但如果是高齡貓，那就要先當作生病徵兆來應對。

1
好好觸摸確認情況 並用尺來測量大小

檢查腹部時要輕輕觸摸，盡量不要用力刺激。大小的話建議用尺測量，比較準確。

記錄大小

用尺測量時要注意，盡量不要壓迫腫塊或用力刺激。

2
有時可能已經病情嚴重 一定要向獸醫諮詢

腹部腫脹極有可能是罹患重病引起的，在這種情況之下幾乎不可能自行在家判斷病情。總之先帶貓咪去動物醫院檢查再說吧。

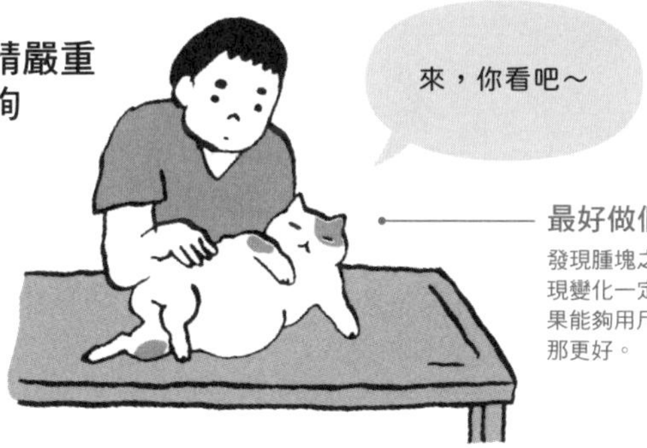

最好做個筆記

發現腫塊之後，大小若是出現變化一定要告知獸醫。如果能夠用尺測量並記錄大小那更好。

等待獸醫診斷

腫塊若是出現在腹部內，那就無法靠肉眼來判斷了。總之貓咪腹部若是疑似腫脹，就先帶去動物醫院看診吧。

3
就算發現腫塊 也不要隨便亂揉

出現在表面的腫塊有的是良性，有的是癌症（惡性腫瘤）引起的。要是受到搓揉或觸摸等刺激，極有可能會變大，務必小心。

看診徵兆⑫

胸部有腫塊

貓咪若是得了乳癌，飼主也可以察覺。要養成每個月1次幫貓咪按摩胸部及肚子，同時檢查乳癌的習慣。

乳癌好發於10～12歲之間

「粉紅絲帶運動」是宣揚早期發現及治療乳癌重要性的一項活動，而貓也有類似的「貓粉紅絲帶運動」。

因病死亡的貓大約有3分之1是死於癌症，其中以乳癌最為常見。這類癌症好發於中～高齡的貓咪身上，而且母貓的病例多達99%。早期發現的重要性和人類一樣，而最建議的方法就是按摩檢查。只要像按摩那樣撫摸身體，就能順便檢查貓咪身上是否有腫塊。

1

尋找小於2公分的腫塊

貓咪若是得到乳癌，癌細胞會非常容易移轉，關鍵在於是否能及早發現2公分以下的腫塊。要是超過3公分，後續治療、預測病情及存活的期間就會大幅縮短。

檢查乳房周圍

貓有8條乳腺，分別位在前腿根部及後腿根部兩側，左右各4條。乳腺若是出現癌細胞，就是乳癌。

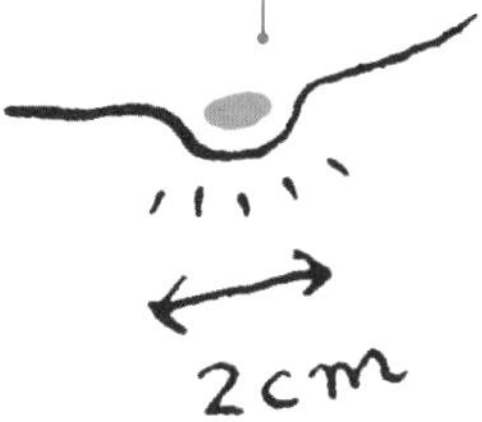

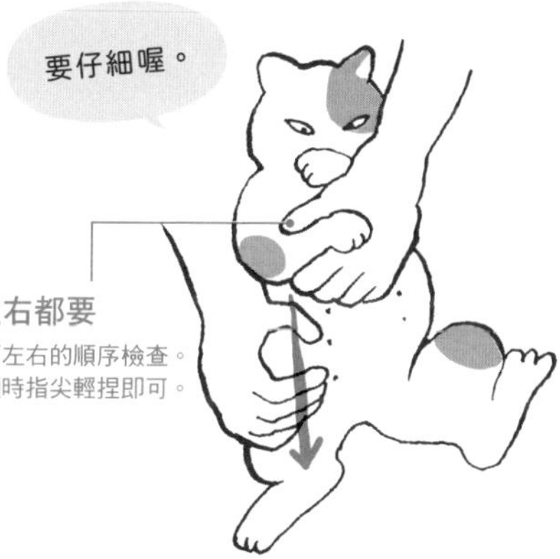

上下左右都要

按照上下左右的順序檢查。檢查乳頭時指尖輕捏即可。

2

在家好好自我檢查

為貓咪自我按摩檢查有2個步驟。進行到一半時貓咪若是不耐煩那就不要勉強，等牠心情好的時候再繼續。

① 用膝蓋夾住貓咪，使其仰躺
② 按摩胸部周圍、肚子、前腳根部以及後腳根部。有沒有腫脹或腫塊？會不會痛？腳的根部有沒有腫起來等，大範圍好好檢查腹部。

3

要注意的腫塊

腫塊的形狀並非只有圓腫，有的扁扁的，有的只是小小一粒，有的還會移動。若是察覺異狀，就直接帶貓咪去看獸醫，絕對不可自行判斷。家裡的貓如果是長毛貓，就把毛撥開再檢查。

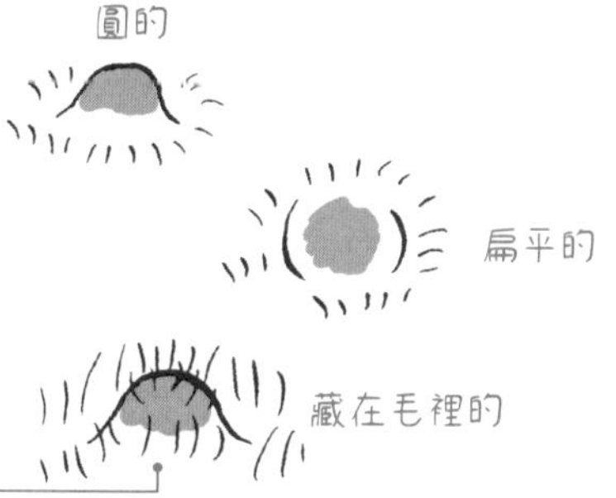

覺得不對勁就帶去動物醫院

有的腫塊只會出現在某一條乳腺上，有的則是分布在好幾條乳腺，所以千萬不要覺得摸到的突起物不大就疏忽大意，一定要將腫塊的狀態告訴獸醫。

長期絕食會導致脂肪肝，而脂肪肝會導致肝功能衰竭，要多加注意。

看診徵兆⑬

不吃飯

不吃東西會導致生病

貓是一種無法絕食的動物。只要超過3天不吃東西，脂肪就有可能會囤積在肝臟中，形成所謂的脂肪肝（貓肝脂肪代謝障礙）。就算貓咪身體狀況不錯，只要飼料與環境有變化，食慾就有可能因此變差。若是置之不理，極有可能會導致脂肪肝。提到脂肪肝，一般都會聯想到暴飲暴食，其實貓咪絕食也會得到脂肪肝。要是食慾不振，就要儘速帶去動物醫院看診。另外，最近採用食慾促進劑來處理這種情況的動物醫院也有增加的趨勢。

1

確認除了「不吃」還有沒有其他症狀

食慾不振是各種疾病的徵兆。在這種情況之下說不定還有其他異常現象，因此要好好觀察貓咪的狀態。

重視基本狀況

貓咪若是沒有精神，排泄異常，那就一一確認每日健康狀況檢查表（P31）的項目。

2

多加巧思 提高貓食的適口性

貓咪是一種挑食而且食慾時好時壞的動物，若能設法提高貓食的適口性，就能有效解決這個問題。例如利用加熱的方式讓貓食的味道更香，這樣就能吸引貓咪進食。

適口性與均衡營養

除了增加適口性，營養均衡也很重要，要注意不可只以適口性為重。

3

貓咪嘔吐時 不要強迫進食

出現嘔吐症狀時最好稍微控制飲食。帶貓咪去動物醫院檢查時若能維持禁食狀態，獸醫比較容易做出正確判斷。所以若有嘔吐就不要讓貓咪再進食，直接帶去醫院檢查。

就診要看時機

貓咪嘔吐後不要強行移動，先讓牠休息。禁食狀態不要太久，盡量在妥當的時機帶去動物醫院看診。

看診徵兆⑭ 喝太多水

水喝太多有時也是生病的徵兆。另一方面，水喝太少反而會引起尿道結石（尿石症），因此要注意。

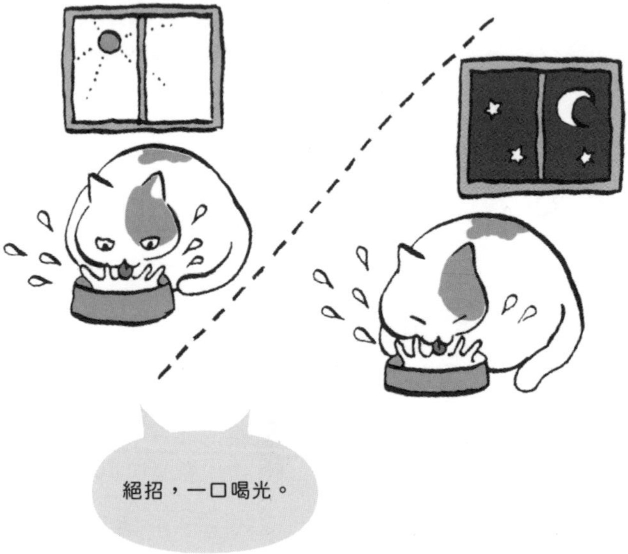

每天檢查貓咪的飲水量

飲水量增加有時是貓咪生病的徵兆之一。特別是當高齡貓喝水過多時就要懷疑是否得了腎臟病（P94）。貓咪若是有腎臟病，在初期至中期這個階段尿量通常會增加，如此一來就會因為口渴而拚命喝水。其他像糖尿病及甲狀腺機能亢進等疾病也會出現過度飲水毒症狀。

若要注意貓咪水會不會喝太多，就要掌握健康時的飲水量。飼主可以和幼貓期的飲水量*比較看看。

＊幼貓期的飲水量若無法掌握就記錄現況。每次的給水量若能固定，例如一次給「〇〇ml」，這樣就能輕鬆掌握貓咪的喝水量了。

1 「排」尿與「喝水」不斷循環

若想補充排出的尿液，勢必要喝水。換句話說，為了避免貓咪水喝太多而減少水量是沒有意義的，因為這樣反而會讓牠們脫水。為了避免這種情況發生，還是要讓牠們補充適量的水分。

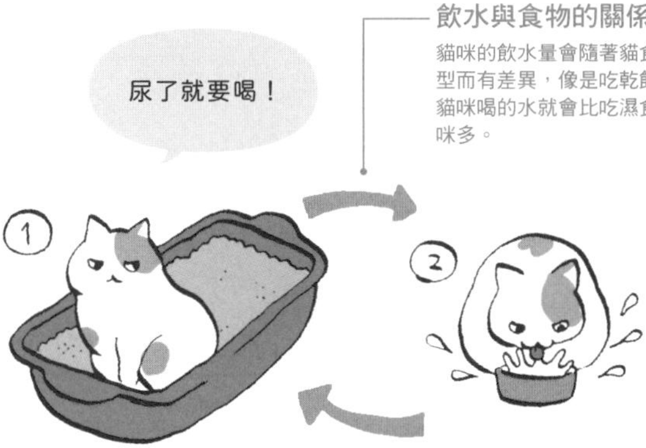
尿了就要喝！
1
2

飲水與食物的關係

貓咪的飲水量會隨著貓食的類型而有差異，像是吃乾飼料的貓咪喝的水就會比吃濕食的貓咪多。

與過去相比

與幼貓時期相比是察覺異常狀況的方法之一。因此飼主要好好回想多大的容器、給了多少次的水喔。

怎麼一直
被盯著看。

2 飲水量要與年輕健康的時候相比

讓人懷疑貓咪是不是生病的飲水量，以每1公斤的體重至少喝50cc的水為標準。飲水量低於這個標準的貓咪，喝水的量要是比年輕健康的時候超出2倍，那麼飼主也要注意。

3 保持冷靜掌握現狀很重要

除了飲水過多，說不定還會出現其他異常症狀。因此要觀察貓咪的情況，掌握現狀。有發現不對勁的地方，就好好向動物醫院諮詢。

有沒有食慾
體重減少
今天的飲水量
尿的狀態

找出差異

想想並且比對貓咪健康時的生活習慣，會更容易發現差異。

看診徵兆⑮

排尿異常

若是有異常，就會因為疼痛而舔舐陰部，而且頻繁上廁所。若有此情況，就要立刻帶去動物醫院看診。

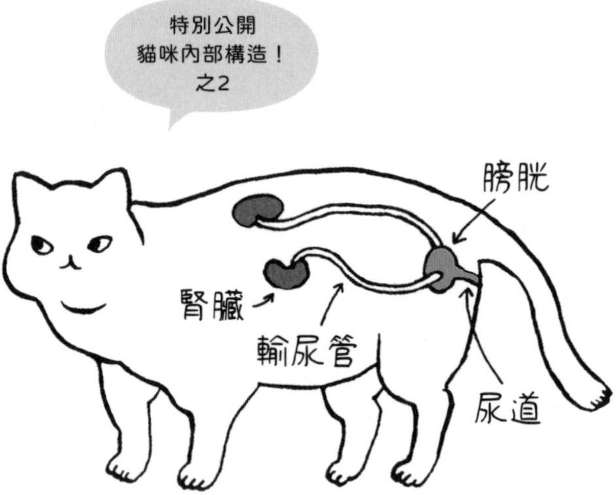
特別公開
貓咪內部構造！
之2
膀胱
腎臟
輸尿管
尿道

尿不出來的狀態攸關性命

貓咪上廁所的次數之所以增加，不是因為「尿了還是會有餘尿感」，就是「結石堵塞尿道而無法排尿」。前者的話又可能是因為膀胱炎[*1]，後者的話則有可能是尿道結石[*2]（尿石症）或尿道阻塞[*3]。貓咪只要超過24小時沒有排尿，就會有生命危險。

若是發現貓咪尿不出來，就要立刻帶去就醫。排尿相關疾病可藉由飲食來預防，建議飼主多多請教獸醫。

＊1 膀胱炎是因為膀胱發炎而使得餘尿感變得強烈的疾病。
＊2 尿道結石（尿石症）是腎臟、輸尿管、膀胱及尿道出現結石的疾病。
＊3 尿道阻塞是尿道因為塞住而尿不出來、常見於公貓的疾病。

1 不排尿的時間與存活率

貓咪尿不出來的存活率因時間而異。48小時是7成，72小時是2成。至於能不能得救，要看貓咪有沒有慢性病以及體力狀況。

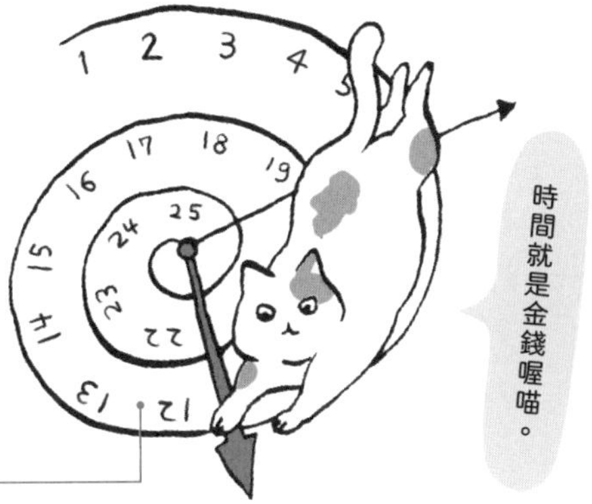

堅守24小時以內

即使貓咪尿不出來，只要在24小時以內處置大多能及時挽救。因此飼主要在為時已晚之前好好應對。

2 檢查貓砂盆裡的尿塊有無增減

除了如廁次數，飼主平時還要檢查貓咪有沒有排尿以及排出的尿量。因此在清貓砂盆時要好好檢查貓砂，並透過觀察尿塊的多寡來判斷尿量。

清貓砂同時檢查

掌握貓咪排尿狀況最好的機會就是清貓砂盆的時候。每天定時清貓砂，就能更加準確掌握狀況。

3 告訴獸醫排尿情況

只要記錄貓咪健康時候的尿液狀態（顏色及尿量），異常時就可以當作診察的參考標準。顏色變化通常是最容易判斷的，因為貓尿通常是透明的黃色。只要使用白色貓砂，就能夠輕易看出尿的顏色。尿量方面，可以先將50ml的水倒入貓砂中確認結塊的大小，這樣就能以此為基準，確認貓咪的排尿量是否為50ml。

什麼是「反常的尿」？

貓咪排尿若是異常，有時會是尿量減少。不僅如此，罹患膀胱炎或尿道結石（尿石症）時還會經常出現血尿，尿液呈紅色。

貓的尿液檢測

要是自行在家檢驗貓尿，通常會混入細菌等其他雜質，因此貓尿在動物醫院裡檢驗會比較妥當。

排便異常是生病的徵兆。要先確認狀態，再來確認排便次數，若有異常就帶去動物醫院。

看診徵兆⑯

排便異常

檢查大便的狀態與次數是每日功課

正常大便呈牛奶巧克力色，硬度適中。全黑的大便是胃和小腸、偏紅的話有可能是大腸或肛門發炎出血造成的。軟便與腹瀉也要注意。貓咪的糞便偏硬，非常容易便祕。若不需要限制飲食，餵貓咪吃1小匙的優格也可以幫助排便（P43）。便祕是腎臟疾病（P94）和巨結腸症*等疾病的徵兆，建議飼主要及早帶貓咪去動物醫院診察。

*因為慢性排便問題導致結腸脹大的疾病。

要掃乾淨一點喔。

1
貓廁所要常保清潔

貓咪非常愛乾淨，有時會因為貓廁所髒了，或者是同居的貓咪留下糞便而拒上廁所，因此飼主要勤於清理。

「乾淨」是最大原則

貓咪到了終末期免疫力往往會變差，因此貓廁所要保持清潔，以防意外感染。

1
2
3
快便準備，OK！

1天大便1次是基本

1天大便1次的話基本上沒有問題。但要是突然腹瀉，那就有可能是生病，所以要帶去動物醫院檢查。

2
便祕超過3天就要帶去動物醫院

貓咪排便以1天1～2次為正常的次數。就算沒有生病，貓咪大不出來也是會很痛苦的，所以要幫牠們按摩（P43），促進排便。

3
從糞便狀態掌握出血及病情

動物醫院可以為貓咪檢查糞便。貓咪排便後趁在半天內還沒變乾的時候裝到可密封的塑膠袋裡，就可以帶去給獸醫檢查。

硬度
顏色
吃了，也大了，
再來就是睡覺了～

檢查糞便狀態

將貓咪的糞便帶去動物醫院時，分量最起碼要和大拇指的第一關節一樣長，而且採糞時最好不要沾到貓砂。

COLUMN

3 從貓語理解貓的感受

貓咪可以透過叫聲與動作表達各種情緒。其實，牠們是一種感情非常豐富的動物。接下來要介紹幾種叫聲的含義。

發出「咕嚕咕嚕」聲的時候主要是放輕鬆的狀態。讓人撫摸時只要貓咪一臉舒適，並且從喉嚨發出「咕嚕咕嚕」聲，就代表彼此之間的關係非常好。若是非常清楚地發出「喵」的一聲，就有可能是想要吃飯或玩耍。因此掌握貓咪的需求是一件非常重要的事。若是長長的「喵～」叫聲，大多是在強力表達不滿的情緒，這個時候千萬不要強迫貓咪。至於短短的「喵」叫聲，則是主要回應飼主的呼喚。神奇的「喀喀喀」叫聲是有衝突或興奮的表現，這時候就在旁觀察到牠們冷靜下來為止。

貓咪也會用「喵」、「喵～」、「喵！」等叫聲與人溝通。掌握貓咪叫聲背後的含意是和牠們一起生活的重要原則。有時貓咪還會透過動作來表達情緒，好好理解牠們的心情，建立良好的人貓關係吧。

第 4 章

終末期貓咪的常見疾病及照護

請獸醫告知具體病名，並且確保家中隨時有水讓貓咪喝，以防脫水。

腎臟疾病的處置方法

要讓貓咪多喝水以免脫水

腎臟能將體內的老舊廢物以尿液的形式排出體外，扮演著舉足輕重的角色。這個功能會在貓咪12歲至13歲的時候開始下降，若是超過15歲，將近八成的貓咪就會罹患某種腎臟疾病*。

不少腎臟疾病會導致腎功能變差，有些甚至會危及性命，因此正確診斷病名很重要。治療方式通常會隨著病情不同而有所差異，而飼主在家能做的，就是盡量不要讓貓咪脫水。

＊腎臟疾病的徵兆包括食慾不振、嘔吐、多喝多尿以及體重減輕。

1 居家照護的內容有「餵食」、「補充營養」、「投藥」、「打點滴」

腎臟病的病況各有不同，需向獸醫請教處方飼料及治療方法，有時還必須在家為貓咪施打點滴（P115）以防脫水。最近有種利用蛋白質的治療方法稱為「AIM」，據說能夠有效改善腎臟功能，值得矚目。

今後治療的指標

飼主要盡量提供只有自己才知道的資訊，例如貓咪平常喝多少水等，這樣才能幫助獸醫適當判斷病情。

2 貓咪喝水的方式各有喜好

盡量配合貓咪的愛好，準備牠們喜歡喝的水，例如溫水、冷水、從水龍頭流出來的水，或者是有柴魚味道的水，總之要以「喝水」為優先考量。

喝水的喜好各有不同

貓咪對水的喜好就和食物一樣各有不同。但是強迫貓咪喝水可能會造成壓力，因此建議飼主盡量找出牠們愛喝的水，像是在水裡加入燙過魚肉的湯汁，或者添些淡淡香味也很有效（P27）。

3 「腎臟病」不是病名

「腎臟病」是指會影響腎臟功能的疾病統稱。因此帶貓咪就醫時最起碼要驗血、驗尿，照X光及超音波，以便找出具體病名。

貓咪容易罹患的典型腎臟疾病	
慢性間質性腎炎	淋巴瘤
多發性囊腫腎病	腎旁囊泡
腎細胞癌	腎結石（☆）
腎盂腎炎（☆）	腎絲球腎炎

注（☆）為可完全治癒的腎臟疾病。

貓咪在正常飲食的情況之下若是體重減輕，那就有可能是罹患甲狀腺疾病。

甲狀腺機能亢進症的處置方法

勤量體重
確認病情有沒有惡化

罹患甲狀腺機能亢進症時最重要的一件事，就是在家量體重。貓咪服用處方藥之後體重若是還會下降，那就代表藥量可能不對。甲狀腺的治療方式共有3種，除了投藥控制症狀，還有採取低碘飲食以及動手術切除甲狀腺。如果投藥有效，貓咪就能正常生活。這種病會讓貓咪非常容易口渴，因此要多為牠們準備一些水。病情若是惡化就有可能會失明，在這種情況之下家中擺設就盡量不要變動（P65）。

＊除了體重減輕，罹患甲狀腺機能亢進症的徵兆還有精力充沛，以及變得更有攻擊性。

1

乍看之下會讓人以為「好像很健康」的疾病

甲狀腺機能亢進的主要症狀是食慾增加及體重減輕。發病多在8歲以後，往往讓人以為體重下降是年齡造成的。若是發現貓咪體重減輕，就要盡快帶去看獸醫。

愈吃愈瘦

貓咪有食慾的時候要記得幫牠們量體重。要是在1個月內減輕5%的體重，那就要多加留意了。

2

以「投藥」、「動手術」或「飲食療法」來治療

甲狀腺機能亢進的治療方式隨病情進展而異。除了服用抗甲狀腺藥物、採用飲食療法，有時還可以動手術。

不要太過悲觀

甲狀腺機能亢進是一種不需動手術、可以藉由藥物控制症狀的疾病。動手術會消耗體力，所以還是根據貓咪的情況再來考量治療方法吧。

3

設置無障礙空間杜絕意外發生

貓咪的肌力會隨著症狀的進展而變得衰弱。為了避免因為肌肉無力而從高處跌落，室內一定要布置成沒有高低差的無障礙空間（P32）。

根據情況來考量

室內環境要好好整頓，以防貓咪因為肌肉衰弱而發生意外，例如跌落骨折。

傳染病的處置方法①

貓愛滋和貓白血病不會傳染給人類。如果是多貓家庭，那就為愛滋貓準備一間隔離房吧。

傳染病也有不治之症

傳染病當中最需要注意的就是貓愛滋*和貓白血病。這兩者都是病毒引起傳染病，而且無法治癒，但是可以延緩發病，或者施打疫苗預防。

貓愛滋的病毒通常是與受感染的貓打架咬傷而來的。有時感染後並不會立刻出現症狀，但是發病後免疫力就會變差而導致死亡。貓白血病病毒的傳染途徑是受感染貓的唾液，一旦發作，8成至9成的貓咪會在3年內喪命。

＊正確來講應該稱為貓免疫缺陷病毒及貓白血病病毒。
感冒和蛔蟲也是傳染病的一種，但是可以投藥治癒。

1
家貓幾乎不用擔心傳染病

只要家中飼養貓咪的環境夠乾淨，就不需太擔心牠們會得到傳染病。而且只要每年接種疫苗，就能夠預防貓愛滋與貓白血病。

終末照護要在室內

家裡的貓咪之所以被病毒感染，通常都是由外部因素引起，例如與受感染的貓接觸。在免疫力容易變差的終末期要是被感染，病情就會非常容易發作，因此將貓完全飼養在室內絕對是最安全的做法。

2
貓愛滋的對策

為了預防及延遲貓咪發病，飼主勢必要保持清潔，盡量打造無壓力的環境。此時重點有3，那就是控制溫度、管理飲食、定期診察。就算發病，只要及早治療，就有機會延長貓咪的壽命。

確實與適當的管理

要徹底控制室內的溫度與濕度（P36），盡量提供新鮮的水及食物。好好管理貓咪的身體狀況，定期到動物醫院檢查，以確認有無發病。

治療只能對症下藥

出現症狀後雖然沒有方法可以治療，但有預防二次感染的抗生素，以及避免食慾不振及脫水的飲食輔助與皮下點滴。

3
貓白血病的對策

貓白血病的典型病症包括乳腺癌及貧血，有時會用抗癌劑治療。若能租借氧氣室，這樣貓咪呼吸就會比較輕鬆，癌症帶來的痛苦也會得到舒緩。

延緩發病

貓白血病和貓愛滋一樣，過著毫無壓力的生活對於延緩發病幫助極大。出現症狀後雖然沒有方法可以治療，但有預防二次感染的抗生素，以及避免食慾不振及脫水的飲食輔助與皮下點滴，還有針對貓白血病病毒引起的「淋巴瘤」等惡性腫瘤的治療方法。

預防感染

這種病會藉由共用的餐具傳染。因此多貓家庭的貓碗一定要分開。

與人類對抗新型冠狀病毒一樣，接觸貓咪之前與之後都要用酒精消毒雙手。

傳染病的處置方法②

難以治療的感染也是一樣

因為貓冠狀病毒而引起的FIP（貓傳染性腹膜炎）一直被認為是無法預防也無從治療的傳染病。不過近年來只要早期治療就能展現效果的新藥物頗受世人矚目。蜱蟲引起的病毒感染SFTS*（發熱伴血小板減少綜合症）也有60%的高致死率，目前尚無藥物可以治療。

然而會引起傳染病的並不是只有病毒。皮膚受到真菌感染，也就是所謂的貓癬，是高齡貓等免疫力較差的貓咪常見的皮膚病，往往會需要一段時間才能治癒。

＊貓的SFTS感染及發病在2017年首次報告。是一種會貓傳人的傳染病。

1 FIP（貓傳染性腹膜炎）

其實幾乎所有貓都帶有貓冠狀病毒，不過大多數都是無症狀或輕度腸炎。但是貓冠狀病毒若受某種原因影響變異為FIP病毒，那麼就會發展成死亡率幾乎高達100%的可怕傳染病FIP。症狀方面可以分為濕性與乾性。

夢幻的？藥物

目前還沒有將貓冠狀病毒趕出體外的特效藥，不過現在已經有人在討論人類使用的COVID-19藥物是否能派上用場。若能驗證其對貓咪的安全性及效果，日後說不定會成為特效藥呢。

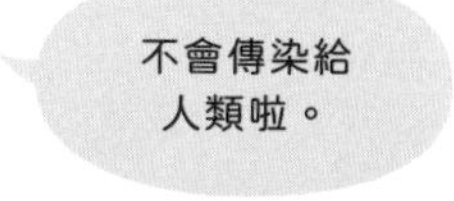

液體會聚積在腹腔及胸腔的濕性FIP	會在內臟形成肉芽腫的乾性FIP
・腹部會因為腹膜炎引起的腹水而腫脹 ・胸膜炎引起的胸腔積液會呼吸困難 ・發燒將近40度	・發燒超過39～40度 ・慢性腹瀉或嘔吐 ・眼睛的葡萄膜炎 ・腫塊引起的腎功能衰竭或肝功能衰竭
・沒有精神，沒有食慾 ・貧血及黃疸	

2 SFTS（發熱伴血小板減少綜合症）

被帶有SFTS病毒的蜱蟲叮咬而感染、發病的傳染病。被咬的部位會因為發炎而出現疼痛及搔癢等現象，此外還有食慾不振、發燒、嘔吐、白血球減少和黃疸等症狀。一旦重症化，會導致血小板數量減少，甚至致死。為了避免感染，最好的方法是將貓咪完全飼養在家裡。

蜱蟲的驅除對策

蜱蟲若是寄生在貓咪身上，就要立即去看獸醫。除蟲方式選擇豐富，有滴劑、錠劑、洗毛精、驅蟲項圈等方法，但目前以滴劑為主流，這種方式只要在貓的頸部滴藥就好，不僅飼主及貓咪的負擔較小，還能確實投藥。

3 貓癬

貓癬是一種名為皮癬菌的黴菌所引起的，會讓貓咪的皮膚受到感染。高齡貓以及因為生病或營養不良而導致免疫力變差的貓咪若是得到貓癬，臉部、耳朵及腿部就會出現圓形禿的症狀，而且還會傳染給人類。貓咪若是感染，就要盡量避免接觸。

脫毛的症狀

除了圓形禿、易掉毛、皮屑過多、結痂、皮膚發紅等症狀，病情若是持續發展，脫毛症狀還會蔓延全身。

可用藥物治療

可以根據症狀選擇口服或塗抹的藥。口服藥的投藥期間若是較長，就要確認是否會有副作用。脫毛部位要是集中在某一處，感染部位周圍的毛就要剃除，以便塗抹藥膏。如果擔心貓咪把藥舔下肚去，就幫牠們戴上伊莉莎白頸圈。

糖尿病的處置方法

除了使用胰島素確實控制血糖值，同時也要與糖尿病和平共處。

治療重點放在胰島素好好照護

只要施打胰島素、搭配飲食療法來治療，就不用擔心貓咪會有立即的生命危險。胰島素是一種會吸收血液中的糖分、具有降低血糖功能的賀爾蒙。身體若是無法分泌胰島素，或者是胰島素無法充分發揮作用，導致高血糖無法改善的情況就會得到糖尿病*。糖尿病是貓咪最常見的內分泌疾病，而且以有肥胖傾向的貓咪為多數，因此平時注意貓咪的體重非常重要。

＊糖尿病的症狀包括了多喝多尿、嘔吐和用後腳跟走路（P63）等。

我可沒那麼少根筋。

1 與人類糖尿病略有差異

貓咪原本是肉食性動物，但在代謝熱量時通常不太需要血糖，因此出現重症的機率會比人類的糖尿病患低。糖尿病貓的體格較胖，乍看之下非常健康，故又稱為「快樂糖尿病」。

一看就能判斷的病徵

用後腳跟走路是罹患糖尿病的徵兆之一（P63）。若是察覺貓咪走路的方式和平常不一樣，就好好觀察牠們用後腳跟走路的模樣吧。

哎呀，
不要忘記了喔。

嚴守投藥時間

胰島素的作用是有時間限制的。飼主若因工作關係無法投藥，可考慮暫時將貓咪寄放在動物醫院等，盡量不要讓胰島素的效果中斷。

2 確實遵守胰島素的投藥時間以控制糖尿病

飼主要按照獸醫指示，每天定時投與胰島素。另外，包括零食在內的飲食療法內容也要遵照獸醫的指示來進行。

3 最令人擔心的是其他併發症

若是出現併發症，貓咪極有可能會發生「糖尿病酮酸血症」的危險狀態。因為攸關貓咪的性命，故要多加留意。

我好像要
喜歡上你了。

為了避免併發症

不管是因傳染病（P98・100）還是肥胖引起的疾病，能維護貓咪健康的人是飼主。因此除了生病，平時也要好好照護身體。

癌症的處置方法

不管是選擇「手術」、「抗癌藥」還是「放射線」的治療方法，都要再三考慮，別留下遺憾。

慎重思考治療方法

貓最常見的癌症[*1]是「淋巴瘤[*2]」及「乳腺腫瘤」，但還有許多其他類型的癌症。癌症的類型與病情的進展雖然各有不同，但在治療方面主要方法不外乎「手術」、「抗癌藥」及「放射線」。另外，有的貓咪只能選擇舒緩治療以等待生命最後一刻到來。正因為選項多，因此當貓咪被診斷出患有癌症時，身為飼主的我們究竟想要為牠們做到什麼程度，這些都要與家人及獸醫商量之後再來決定。

＊1 癌症疾病常見於11歲以後的高齡期。
＊2 淋巴瘤的症狀取決於癌細胞的位置，以嘔吐、腹瀉和呼吸困難最為常見。而乳腺腫瘤的症狀則是胸部和腹部出現腫塊。

眼光要放遠

來自第二醫療意見的比較與新觀點可以幫助飼主多加思考。

××
動物醫院
獸醫B
○○
動物醫院
獸醫A

1 慎重考慮 做「不後悔」的決定

若是苦於不知該選擇何種治療方法，不妨向獸醫尋求第二醫療意見。雖然難以做出決定，但是飼主一定要將不後悔放在首位，仔細考量。

2 「放射線治療」的決定

「放射線治療」只有少數動物醫院可以提供，而且治療費用高昂，故在決定時不妨將這些情況也納入考量之中。

我只說一次喔！
最喜歡你了。

整理情況

一一列出貓咪、飼主狀況、金錢和時間等必要因素，以整體情況來思考，這樣比較容易整理出頭緒。

3 治療以外能做的事

有些癌症會伴隨疼痛。貓咪若是感到疼痛，那就給予止痛劑或輕輕撫摸疼痛部位。

別露出
那種表情啦。

身心都要照護

舒緩治療是癌症的基本治療方法。除了身體，飼主也要秉持著療癒貓咪精神的心情來對待。

既然回診次數增加，飼主就要從各層面善加考量，並且當面與獸醫溝通商量，以便做出判斷。

如何為「終末期」的貓咪選擇醫院

關鍵詞是「信任」和「終末期醫療」

首先要確認的是這位獸醫可不可靠、是否擅長包括照護在內的終末期醫療。

貓咪去動物醫院的次數通常會隨著年齡增長而變多。如果只是好幾年才帶貓咪去動物醫院一次，那麼就有可能尚未找到值得信任的獸醫。再不然就是現在常去的動物醫院對於終末期醫療態度未必積極。因此在進行終末照護之前，一定要選擇能放心、信任的動物醫院。

1
若是確定要治療的疾病，也可考慮專科醫院

最近專門治療某些特定疾病的專科動物醫院（例如專門治療癌症）有增加的趨勢。飼主在選擇醫院的時候可以納入考量之中。

與其他飼主交換資訊

在候診室等待時，說不定會遇到擁有相同煩惱的飼主。醫院也會是分享擔憂、交流資訊的場所。

2
「離家近、方便前往」也是重要因素

帶貓咪同診治病時，醫院若是離家太遠，移動時就會比較辛苦。若能離家較近，有些動物醫院還會提供家訪服務，也算是一個優點。

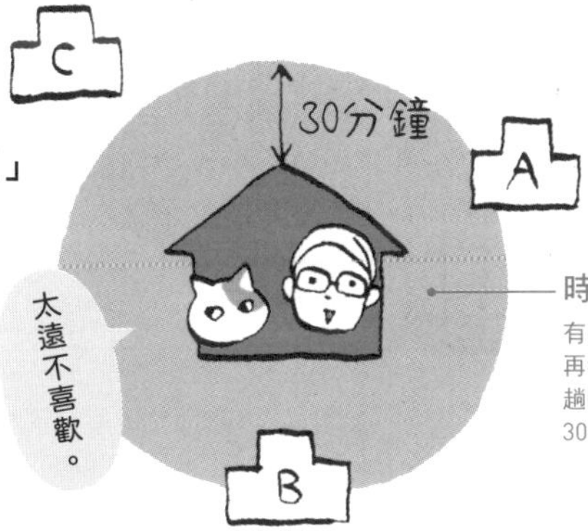

時間就是金錢

有些病需要經常回診，再考量到緊急狀況，單趟的車程要盡量控制在30分鐘內。

3
「感覺」的重要性不容忽視

與獸醫合不合得來會大大影響彼此之間的信賴關係。不要只憑口耳相傳來判斷，自己的直覺和感覺也很重要。

貓咪告訴我們的事

大家當初遇到愛貓的決定性因素是什麼呢？「直覺」的重要性，說不定貓咪早已經告訴我們了。

減輕到醫院就診的壓力

不管是去動物醫院還是在候診室等待，
都要設法減輕貓咪的壓力。

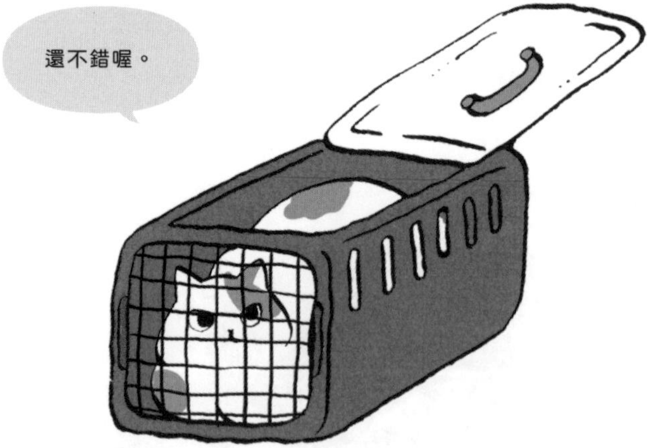

使用貓咪習慣的外出籠減輕回診帶來的壓力

去動物醫院回診時一定要把貓咪放在外出籠裡，而且籠子要大一點，讓貓咪可以在裡頭平躺或伸展四肢，才不會對牠們的身體造成負擔。不過關在籠子裡不易維持體溫，所以最好在裡頭放條毛巾或鋪條毯子。不論是否為終末期，在挑選外出籠時，一定要選擇塑膠等，貓咪的爪子不會卡在籠子裡的材質。除了側開，外出籠的門最好還能上開，才好將貓咪從籠子裡抱到看診台上。

1
不讓討厭醫院的貓咪等待的方法

在候診室待太久會讓貓咪感到壓力，因此要花點心思。如果是事先打電話預約或開車前往，那就先讓貓咪在車內等待叫號。

夏天車內酷熱難耐

夏天車內溫度有時會超過50度。若要在車上等，絕對不可以讓貓咪獨處，還要打開車內冷氣，好讓溫度維持在28度左右。

2
搭乘電車回診時要避開尖峰時段

除了放進外出籠，搭電車帶貓咪回診時一定要盡量避開通勤或通學等尖峰時段。

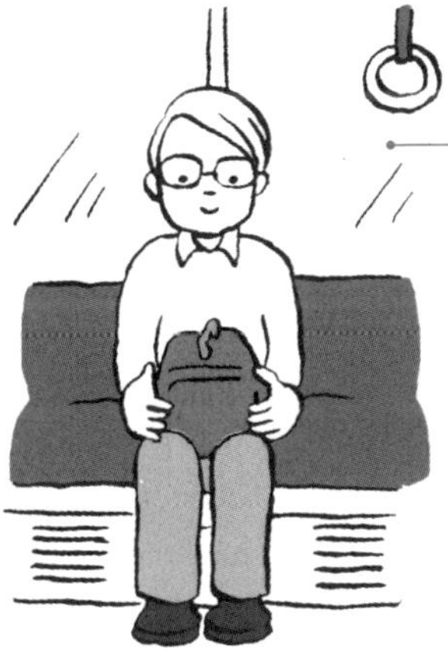

這不是貓咪的錯……

在擁擠的車廂裡旁邊的人要是怕貓咪，反而會讓彼此心中留下不愉快的回憶。為了避免造成貓咪的壓力，搭車時還是盡量避開尖峰時段吧。

3
夜間看診的程序

晚上輪班的獸醫通常會與平常看診的獸醫不同，因此要將服用的藥物以及病歷帶過去。另外，若能事先調查有夜間看診的醫院，遇到緊急情況時就能從容應對了。

放在車內的規則

貓咪若是放在駕駛座，遇到緊急狀況時飼主就會無法踩剎車，可能發生事故。使用「外出籠＋安全帶」較為安全。

萬一要住院

除了緊急情況的聯絡方式，還要事先確認能不能會面。

好好決定與醫院的聯繫體制

貓咪如果是在終末期住院，是無法預測病情何時會出現變化的。住院期間若是病情惡化，那麼飼主就必須盡快趕到醫院處理。這個時候動物醫院打電話到家裡卻沒有人接的話，極有可能會見不到貓咪最後一面。

避免這種情況發生的前提，就是事先決定一個聯繫體制，看是要留下手機號碼，或者告訴醫院若是什麼時間可以聯絡家中的某人等。

1 在什麼情況之下要住院？

需要住院的情況不只有動手術。貓咪完全無法進食，或者讓病重的貓咪自己在家會擔心的話，飼主上班期間也可以安排住院。

「做得到」與「做不到」的事

即使需要住院治療，仍會視貓咪和飼主的狀況而有「做得到」和「做不到」的事。這時候不妨與獸醫討論再來決定。

住院期間和費用

住院時間的長短與費用因醫院及貓咪的狀況而異。即使不打算讓貓咪住院，照樣可以詢問住院的可能花費。以防萬一，不妨請獸醫院估算所需費用。

2 貓咪住院時會讓牠們開心的事

貓咪住院時總希望牠們能保持冷靜。雖然每間動物醫院規定不同，不過有的醫院會允許飼主在籠子裡放貓咪喜歡的墊子或抱枕等物品。

知道貓咪的安心物品

花點心思，盡量讓貓咪有像是在家的感覺。因此飼主平常要多留意貓咪喜歡什麼東西。

3 注意貓咪住院時所感受的壓力

感受的壓力有多大，通常取決於貓咪的個性。因此住院期間能不能會面也要事先確認。

傳遞關心

貓咪在陌生的環境中以及生病的時候可能會感到不安，因此會面時一定要打從心底對牠們表達出「最愛你喔」的感情。

基本的投藥方法①

餵貓咪吞藥錠

1

打開嘴巴

一手撐住頭部，用另一隻手的指尖打開貓咪的嘴巴。

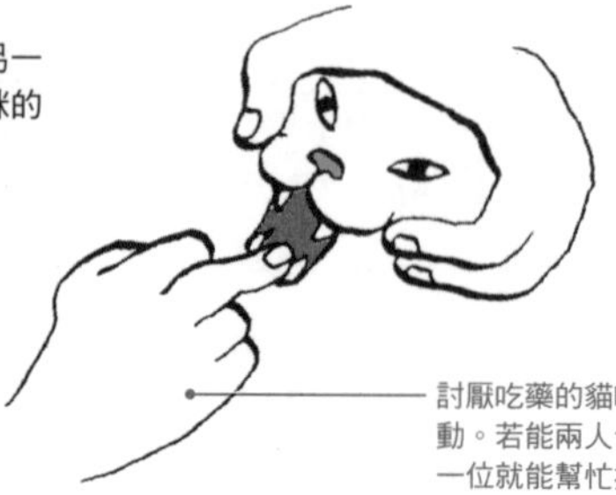

討厭吃藥的貓咪有時會暴動。若能兩人合作，其中一位就能幫忙抱住貓咪的身體了。

2

將藥丟進嘴裡

盡量將藥物丟進嘴巴深處。不過這時候要小心別被貓咪咬到。

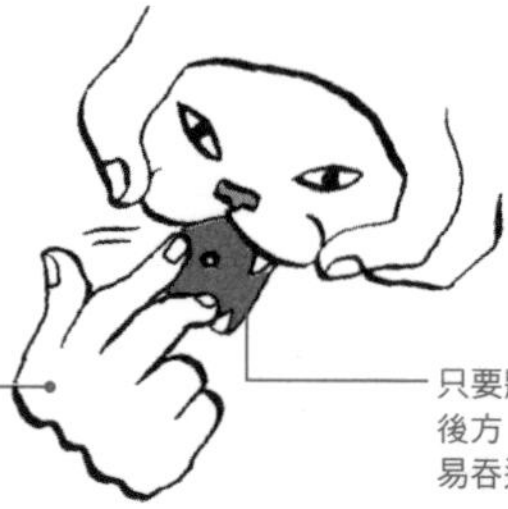

若是會被貓咪咬手，可以向動物醫院購買餵藥器。

只要將藥放在舌頭後方，貓咪會更容易吞進去。

3

讓貓咪吞藥

闔上嘴巴，臉朝上，輕揉喉嚨，幫助貓咪把藥吞下去。

餵完藥可以給貓咪喝水或吃貓食，確保牠們有把藥吞下去。

基本的投藥方法②
餵貓咪喝藥水

1
準備藥水

建議使用沒有裝上針頭的針筒，也就是「注射器」。只要如圖示的握法，就可以順利投藥。

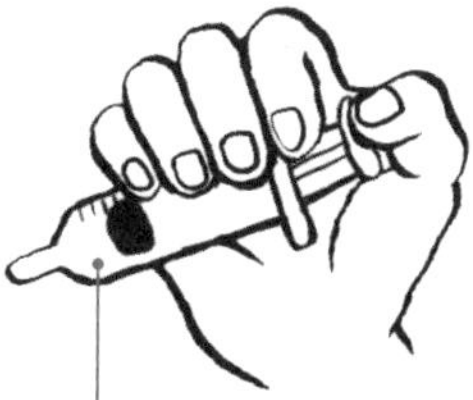

除了注射器，也可以用滴管投藥。

2
打開嘴巴

拉起臉頰的皮膚，讓嘴巴張開一半。

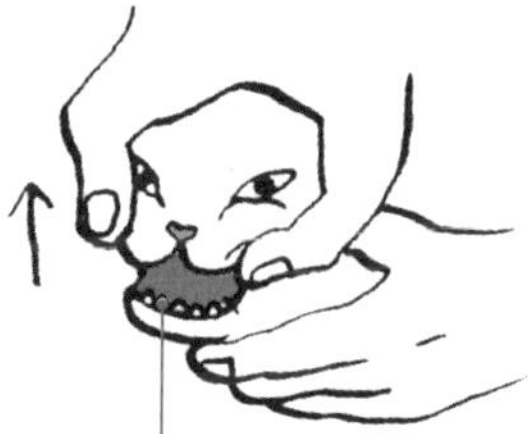

藥水填入注射器再拉開貓咪的嘴巴。

3
將藥水注入嘴裡

從犬齒的旁邊慢慢注入藥水。

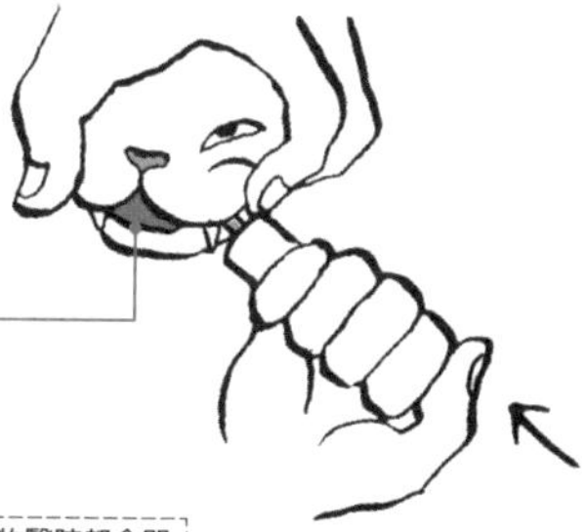

灌藥時要讓貓咪的頭往上仰，以防藥水灑出來。

注：貓咪通常都不喜歡直接吃藥粉，但是許多動物醫院都會開這種藥。飼主可以把藥粉與貓食混合，或者用水調開之後再填入注射器中餵食。

基本的投藥方法③

滴眼藥水

1

準備眼藥水

將頭稍微後仰，托住下巴，眼皮往上拉。

貓咪若是因為討厭點眼藥水而暴動，可用浴巾把身體整個包起來，盡量不讓牠亂動。

2

滴眼藥水

拿著眼藥水的那隻手拉起上眼皮，用托住下巴的那隻手大拇指往下拉下眼皮，直接將眼藥水點在眼球的上方。

眼藥水容器的前端不要接觸到眼球。

3

點完藥水後的照護

點完眼藥水之後輕輕闔上貓咪的眼睛。使其眨眼2～3次，好讓藥水確實滲入眼中。

眼藥水溢出時用紗布擦掉。

基本的投藥方法④ 施打皮下點滴

1 準備點滴

選好打針的部位。針頭插入肩部皮膚鬆弛的部位。

用拇指和食指的指腹捏住皮膚後拉起。

2 插入針頭

針頭輕輕推到底部。剛開始尤其要緩慢地注入輸液。

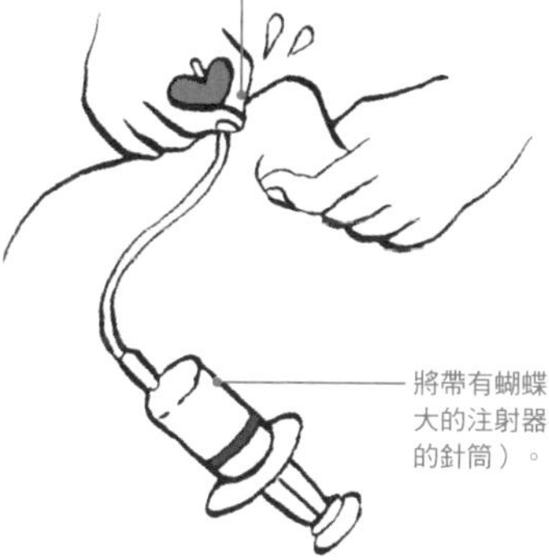
握住針頭根部，呈45度插入皮膚之後確實固定。
將帶有蝴蝶針的透明管裝在較大的注射器裡（沒有裝上針頭的針筒）。

3 打完點滴後的照護

慢慢拔出針頭，扎針處稍微用力捏10秒。

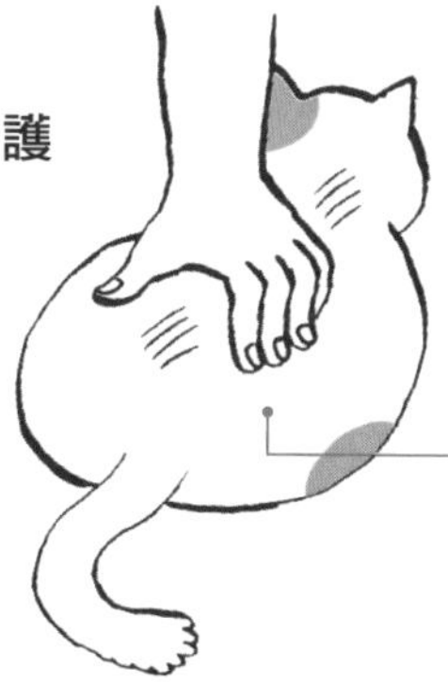
捏的力道以不會讓貓咪疼痛為佳。飼主可以捏一下自己的皮膚，確認不會痛的力道。

注：一定要先請經常看診的獸醫說明之後再自行施打。

若要住院或動手術，可請醫院事先估價。考量經濟狀況也很重要。

貓咪的醫藥費很貴嗎？

動物有自由加入的健康保險

寵物沒有像全民健康保險這種所有人都要強制加入的保險制度，醫療費用全由飼主負擔。全民健康保險的醫藥費自付比例大約是3成，但是沒有保險的寵物飼主所需負擔的比例卻是全額。雖然要看是什麼疾病、什麼樣的治療方法，但有時寵物的醫療費會高於人類。飼主若能讓貓咪投保寵物保險，說不定就能根據方案減輕負擔金額。若是不想投保，那就多存一點錢，有狀況也比較安心。另外，動物醫院屬於自由診療，因此每家醫院的醫療費都不一樣。

寵物保險有年齡限制及條件，最好是在貓咪還小的時候考慮投保。

考慮寵物保險

投保資格取決於年齡及條件 終末期幾乎不能加入

寵物保險的內容涵蓋了寵物生病及受傷時的醫療費用。不過每個方案的理賠比例不同，有的是5成，有的是7成，投保時也有年齡及健康限制，因此大多數的方案終末期的貓咪都無法投保。另外，有些保險公司在支付保險金之前會有一段空窗期，因此投保時一定要好好看清內容。理賠方式則有2種：在支付住院費用時直接扣除，另一種則是日後自行申請理賠（以日本狀況為例）。

COLUMN

4 貓咪揮拳與咬人的祕密

大家可曾遇過這種情況：當貓咪靠過來順手撫摸時，突然反被牠們揍了一拳甚至被咬一口的。這樣的行為叫做「愛撫誘發性的攻擊行動」，貓咪個性反覆無常只是其中一個因素。

那要怎麼樣才不會遭到貓拳揮打或被咬呢？其實只要觀察關係密切的貓咪互舔的模樣，就能解開這個謎題。

貓之所以互舔，是為了讓對方梳理自己舔舐不到的部位，例如頭部或臉部周圍。若能撫摸貓咪的頭或臉，牠們一定會很高興。相反地，腹部與腳是牠們的要害，因此大多數的貓都不喜歡讓人撫摸這些部位。

撫摸時要模仿貓咪用小舌頭舔舐的動作，也就是用指腹輕摸，而不是用整個手掌。另外，摸的時間也不要太久。貓要是被摸膩了，極有可能會因為不耐煩而反咬一口。因此只要看到貓咪大幅左右甩動尾巴，耳朵後垂貼頭的話，就代表牠們已經不想再讓人摸了。

第 5 章

貓咪臨終前後 可為牠們做的事

對貓咪的狀況要保持敏感，以免錯過昏迷、呼吸出現變化等臨終跡象。

生命接近盡頭的徵兆

一旦「失去意識」就要注意

最容易讓飼主察覺到貓咪即將臨終的徵兆，就是沒有意識。但是無意識的狀態有時是生命的最後一刻即將到來，有時只是一時昏迷。貓咪若是因為腦部疾病反覆出現痙攣或昏迷，那麼即將臨終的可能性就很大。在這種情況，要一邊注意貓咪的呼吸及心跳，一邊輕輕撫摸牠們的身體，靜靜在旁看守，直到臨終。

1
觀察呼吸狀態

貓咪失去意識的時候若是用嘴巴呼吸，那就要多留意了。要是呼吸淺短急促，或者是深長緩慢，就代表牠們的生命可能只剩幾小時。此時要靠在貓咪的身旁，仔細觀察牠們的表情。

專注在呼吸上

貓咪呼吸的深淺與氣候的冷熱關係不大。這有可能是牠們生命中的最後一刻，因此要溫柔在旁守候。

2
聆聽心跳而不是脈搏

飼主在確認貓咪的心跳時要將耳朵貼在胸前。即將臨終時，心跳聲會變弱，速度也會變慢。

貓咪的心跳數

健康貓咪的心跳每分鐘約120～180次。臨近生命的盡頭時，心跳數有時會因為心臟病而飆升，不過大多數的情況都是愈來愈慢。

3
嘔吐之後要特別留意

貓咪嘔吐的那一瞬間心跳速度會因為迷走*神經刺激而下降。據說嘔吐那一刻心臟的負擔會大到讓心跳停止，所以飼主一定要特別留意。

看守時間約1個小時

貓咪嘔吐之後不要立即撫摸，靜靜在旁看守就好。若有皮膚變得粗糙，或是捏起來的皮膚失去彈性等脫水現象，就等貓咪情況穩定再為牠們補充水分。

＊也會分布於內臟的腦神經之一。

安樂死也是選項之一

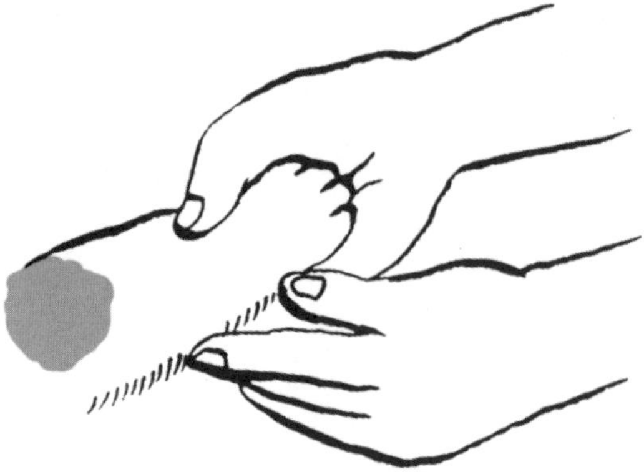

慎重考慮，以免後悔。若有疑慮或者家中有人反對，那就放棄這個念頭。

在日本相對罕見的選擇：安樂死

要是不忍看見癌末的貓咪因為劇烈疼痛而生不如死，安樂死也是一個選項。日本法律禁止人類採用安樂死，但是動物並沒有這樣的法律，因此安樂死是一種選擇。不過與美國等國家相比，日本很多飼主會寧可照護貓咪到生命的最後一刻，也不願意讓牠們安樂死。只要以「無怨無悔」為大前提，還是可以考慮將安樂死納入選項之中。

1

再次確認全家人的意願

獸醫很少主動建議安樂死，因為最後的決定權是在飼主手上，所以要盡量做出全家人都能接受的決定。但是在走到這一步之前，一定要確認全家人的意願，並且徵得每個人的同意。只要有一個人反對，那就放棄這個念頭。

坦誠相對

找個機會互相討論，坦白說出自己的想法，並且歸納出一個能讓大家接受的結論。

2

若是猶豫，那麼最好放棄

對於該不該讓貓咪安樂死這件事若有疑慮，那麼最好放棄這個念頭。要是在猶豫中做出選擇，日後說不定會後悔不已。

也要尊重感受

攸關生命的決定是個難題。判斷的指標是選擇自己能坦然接受的做法。

3

動物醫院採用安樂死的標準（例）

只有滿足下列3個條件才會選擇安樂死：

1 目前的動物醫療無法治癒
2 貓咪的餘生只剩痛苦
3 全家人都贊成安樂死

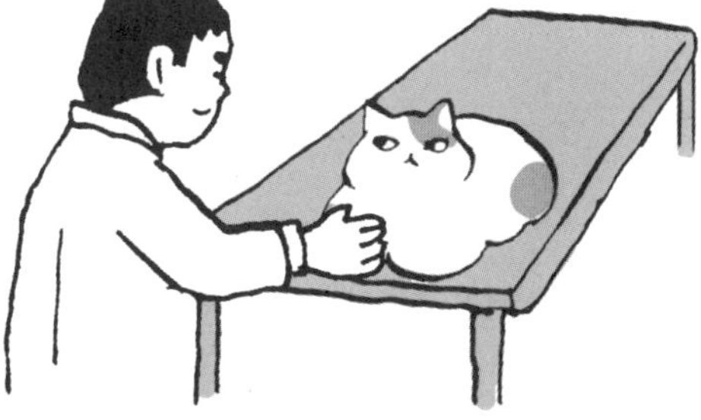

貓咪臨終之前全家人能做的事

與家人商量過後決定的治療和照護沒有對錯。只要竭盡所能，在旁守護，做出無悔的選擇就好。

為貓咪選擇的醫療方式以及決定都是對的

當貓咪的生命走到盡頭時，身為飼主的我們或許會悔恨不已，覺得「能做的事不是還有很多嗎」。然而與貓咪生活這麼久的飼主其實是最瞭解愛貓的人。只要是為了貓咪著想，不管是什麼樣的決定都是正確的。關於治療與照護若能和家人充分商量，盡力而為，心中的遺憾就不會那麼深。因此確實面對、超前思考很重要。而那段有貓咪陪伴的美好回憶，在終末期照護也會成為心靈的支柱。

「只能等待死亡到來」的煎熬心情

飼主若是一臉悲傷，貓咪也會跟著難過的。壓抑住哀傷的情緒，溫暖地陪伴在貓咪身旁吧。

繼續照顧貓咪到最後一刻至關重要

即使貓咪生命將近，飼主仍有許多可以為牠們做的事。治療與照護階段一過，緊接而來的就是靜靜守候的時間。這段等待死神到來的時間，光是望著貓咪就足以讓人柔腸寸斷。醫療並不是終末期照護的一切。身為飼主要繼續溫柔地輕撫貓咪，整理睡床，照顧牠們到最後一刻。此時的心情或許百感交集，但切勿悲觀，要回顧自己為貓咪付出的一切，加以肯定才是最重要的。

臨死前的狀態時好時壞

每隻貓本身的生命力和體力各有不同，
不過生命通常會乘著海浪燃燒殆盡。

接受生命的節奏
守護到最後一刻

在生命即將結束的前一刻，貓咪有時意識會稍微清醒。但在看見貓咪醒過來而鬆一口氣時，病情卻又突然惡化的情況並不罕見。有時貓咪會再次稍微睜開眼睛，有時則是就此離去。

生命可以用海浪來形容，有時是「好浪」，有時是「壞浪」，而且通常在浪來浪去中慢慢消逝。不過並不是所有的貓咪都是這樣，畢竟每隻貓的生命力與體力都不同。

若是出現臨終徵兆，那就盡量多在貓咪身旁陪伴。

抱在懷裡直到最後一刻

敏感地觀察臨終徵兆 好好陪到最後一刻……

若要讓貓咪在懷裡為牠送行，那就要靈敏察覺臨終的徵兆，例如失去意識、呼吸短促或深緩等。只要察覺到這些徵兆，就抱抱貓咪，或待在牠們身旁。時常耳聞貓咪在飼主溫暖的懷中走向生命的最後一刻，彷彿已經等待很久的樣子。這說不定是此生情誼讓牠們想要這麼做。只要竭盡所能，別讓自己後悔就好。

與愛貓告別固然不易，但是只要盡力做好遺體的清理與安置就好了。

貓咪遺體的清理與安置

考慮心情，不需勉強

此時的飼主想必已柔腸寸斷，但是貓咪的遺體不能就此擱置。臨行之前不需勉強，只要在能力範圍內妥善處置貓咪的遺體就好。像是將口水、眼屎與耳垢等髒汙清理乾淨，若是不慎漏尿，就好好擦拭臀部周圍，盡量讓貓咪以最乾淨的姿態出席葬禮。就讓我們滿懷感激，謝謝愛貓帶來這麼多美好的回憶，同時也要做好準備，與貓咪永別。

1 在家能做的事①

夏天可以使用保冷劑降溫，以免遺體腐敗。最好能在隔天就舉行葬禮，不要放置數日。

遺體的清潔方法

貓咪遺體只要一傾斜，嘴裡就會流出胃液，尿液也會從陰部滲出。但這都是臨終時殘留在體內的體液，量並不多。貓咪的身體要是被體液弄髒，就好好幫牠們擦拭乾淨吧。

可以放進棺材裡的東西

如果選擇火葬，那麼就不要擺放金屬等不可燃物品。另外還可以放些值得紀念的東西，以表達感激之情。

2 在家能做的事②

身體清理乾淨之後準備一個箱子，將遺體安置在內。貓咪生前用過的毛巾可以鋪在裡面，或是放入愛貓喜歡的東西以及鮮花。

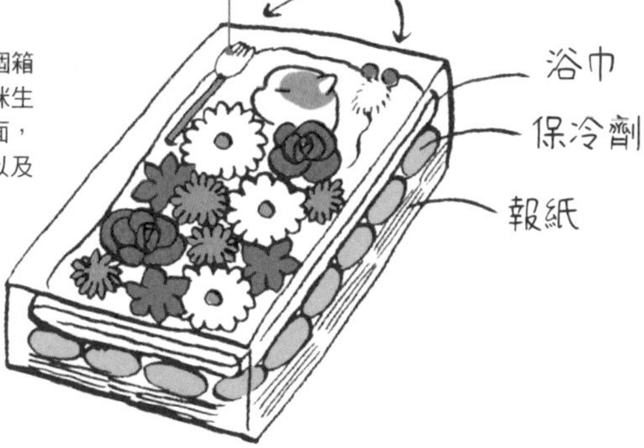

3 可以請動物醫院做的事

貓咪若是在動物醫院往生，飼主可以請獸醫幫忙處理遺體。身上若有髒汙，就先將棉花塞入嘴裡等，再請醫院幫忙用洗毛精清洗乾淨。

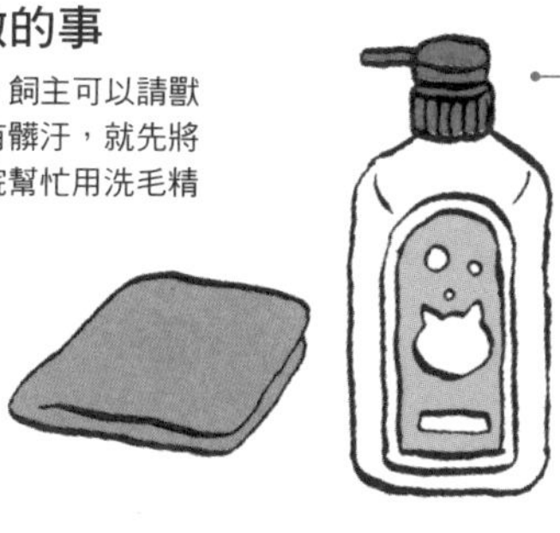

不用勉強沒關係

也可以在家幫貓咪擦拭處理髒汙。但是悲痛欲絕、心如刀割的時候就不要勉強，直接請動物醫院幫忙吧。

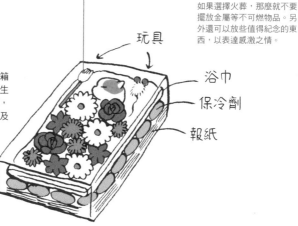

其實沒有人規定一定這麼做。若是猶豫，那就找值得信賴的人商量吧。

舉辦葬禮告別愛貓

在最後時刻到來前先考慮寵物殯葬業者

挑選寵物殯葬業者時若是猶豫，不妨和經常就診的動物醫院商量。失去貓咪之後飼主通常會陷入恐慌中，根本就無心調查寵物安葬的行情價。雖然難過，但還是要提前考慮。詢問曾為貓送行的朋友經驗也是方法之一。透過信賴的人介紹的會比較安心。葬禮和供養並沒有什麼規定。想要如何為貓咪送行，完全取決於飼主。

1
委託民間業者

可以委託寵物殯葬業者、寵物天堂或寵物安樂園幫忙火葬。然而有些不肖業者卻草率對待貓咪遺骨，或詐取高額費用，親自見面詳談、慎選業者很重要。

實現飼主的想法

承辦的殯葬業者不同，葬禮的形式也會有所差異（自家供養、永代供養、聯合法會等）。寵物的喪禮並不像人類有固定形式，因此能根據飼主的想法執行。

寵物天堂或安樂園的選項

寵物天堂或寵物安樂園在為寵物火化之後，通常還會承攬葬禮、撿骨及供養等業務。

2
委託地方政府

火葬費用比民間業者便宜的是地方政府，不過各個單位對於火葬及善後處理的方法各有不同。最好是提前調查，或者直接洽詢。

親自確認

有些地方政府不會歸還遺骨或骨灰，所以直接洽詢比較準確。

3
讓自家庭院成為安詳之地

家裡如果有院子，也可以選擇把貓咪埋在那裡。但是埋葬的洞不可挖得太淺，要把貓咪埋得深一點，否則會引來烏鴉等啄食。

在家永眠

如果是私人土地，把愛貓埋在這裡就沒有問題，還能讓牠們就近守護飼主。

可被土壤分解的準備

土葬時所用的棺材，以及包裹遺體的布盡量選擇可以被土壤分解的材質。布料的話以棉布材質為佳，最好不要使用聚酯纖維布。

COLUMN

5 身為獸醫的喜悅

由我擔任院長的「東京貓醫療中心」是一家貓專科醫院，於2012年開業。現在除了鄰近地區，全國各地都有飼主會帶著愛貓來我們醫院看診。獸醫會對因身體不適而來醫院的貓咪進行診察，找出原因之後再對症下藥。不用說，看到貓咪康復充滿活力的樣子當然會感到高興。

而這份工作讓我最開心的其中一件事，就是曾經失去貓咪的飼主來到醫院，說：「我們家有了新貓咪，今後這個孩子就麻煩您了」。

現代的獸醫學仍有許多無法治癒的疾病。但最起碼我願意盡我所能幫助飼主家庭及他們的貓咪，並且不讓任何人在心中留下遺憾。同時我也希望，曾經照護愛貓的飼主不要因為失去心愛的貓咪而受到創傷，甚至決定「今後不再養貓了」。

第 6 章

療癒心靈的痛

要飼主接受愛貓的死是極為悲痛的事。不過喪失寵物症候群所帶來的痛只要轉為回憶，也許就能得到療癒。

如何治療喪失寵物症候群

慢慢地 一步一步地向前邁進

因為失去寵物而悲傷不已的現象，稱為「喪失寵物症候群（Pet Loss）」。離別固然痛苦，但是我們可以將其化為回憶。不過最重要的，就是先說服自己接受貓咪的離去，好好哀悼。只要將「悲傷」的心情發洩出來，讓這件事化為刻骨銘心的回憶，就有機會重新振作。能為貓咪選擇不悔的治療及照護方式的飼主，通常不易陷入重度的喪失寵物症候群之中，而在終末期竭盡所能照護貓咪，反而能讓喪失寵物症候群得到治癒。

1

向他人傾訴悲傷

將悲傷悶在心裡只會讓自己陷入痛苦深淵之中，因此要與家人和朋友多聊聊，好好發洩情緒，藉機讓傷痛在心中化為回憶。

整理情緒

只要多和別人聊聊，就能讓心中的想法與傷心的原因更加明確。

2

不需勉強 量力而為就好

喪失寵物症候群所帶來的失落感或許會影響到日常的生活，但是不需太過勉強，慢慢從悲傷中站起來就好。

就算需要花些時間也沒關係

提不起勁並不代表懈怠。先規劃一段「心理準備期」，面對自己的內心感受吧。

3

與有同感的人 聊聊感受

聽聽同樣失去寵物的人所遭受的經歷，互相分享心中的回憶也不失為一個好方法。只要得到共鳴，心情就會得到療癒，也許能成為振作起來的契機。

敞開心扉

只要分享悲傷的心情，難過的程度說不定就會少了一半。讓我們把真實感受化為語言表達出來吧。

為了接受永別之苦的對話

每個人接受痛苦的方式都不一樣。但這是克服悲傷的第一步，所以要找出適合自己的方法。

好好從悲傷中脫離 以慰愛貓的在天之靈

照護貓咪、陷入悲傷情緒中之後，接下來就要拾起破碎的心，準備脫離喪失寵物症候群。全家人若是都能重振精神，相信貓咪在天之靈也會感到欣慰的。

接受痛苦的方法有很多種，也可利用整理照片、遺物，或者將愛貓的毛皮製成紀念品等方法來化解，甚至到寵物安樂園祭拜、將貓咪遺骨放在家中獻花奉拜都可以。只要重新體認自己對愛貓的感謝之情，就會比較容易整理難過的情緒。

因為離別的苦澀而結束這段相遇非常可惜。就讓我們將與貓咪共度的幸福時光留在記憶裡吧。

回憶有愛貓陪伴的幸福時光

讓新貓咪來撫慰失去貓咪的悲傷心情

另一種讓自己從喪失寵物症候群中走出來的方法，就是迎接新貓咪。有的人會感到內疚，覺得這麼做「會對不起剛離去的貓咪」，再不然就是「不想再飼養動物，因為離別太過痛苦了」。但是這麼做反而會錯過邂逅新貓的機會。其實新貓咪的陪伴反而可以撫平心中的悲傷。不管是那段漫長且快樂的時光，還是看著生命走到最後一刻的照護歲月，對家人及貓咪來說，都是一種幸福。

卷末附錄

今日身體狀況紀錄

年　月　日　星期

體重　kg

體溫　度

食用的飼料量

g

喝的水量

ml

排尿的次數與狀態

次數：　次

狀態：顏色→
　　　氣味→

排便的次數與狀態

次數：　　　　　　　　　　　　　　次

狀態：顏色→
　　　硬度→

身體狀況

眼睛：瞳孔總是圓的・瞳孔總是細的
　　　眼屎 有・無　　眼淚量 多・少

耳朵：叫聲的大小　大・中・小
　　　汙垢→

身體：腰腿→
　　　尾巴的位置→
　　　腫塊　有・無

MEMO

注：如有「從沙發上摔下來」、「吐了」等意外發生，就把發生的時間、次數及狀況記錄下來。

卷末附錄

高齡貓標準值數據

這份數據彙整了貓咪身體不適時容易出現異常的項目，例如體重、排泄狀態的正常值。

體重

過瘦：觸摸身體時明顯摸到肋骨和脊柱的凹陷

標準：觸摸身體時可以稍微摸到肋骨和脊柱

過胖：觸摸身體時摸不到肋骨與脊柱

體溫　正常：37.5度～39度

食用的飼料量

食用的量配合貓咪的身體狀況和體格，一般為市售貓食包裝建議餵食量的公克數±20%

喝的水量

每1公斤的體重攝取的水量若是超過50ml，代表貓咪可能生病了。濕食含有75～80%的水分，乾飼料則為5～10%的水分。準備水碗時要記得考量這2點

排尿的次數與狀態

次數：24小時內至少1次

狀態：顏色→黃色透明

排便的次數與狀態

次數：每天1～2次

狀態：顏色→像牛奶巧克力
硬度→不會過軟，硬度適中

身體狀況

眼睛：左右瞳孔大小一樣，
眼球不會震顫（P65）

耳朵：耳內表面乾淨（P45）

身體：尾巴的位置→尾巴不會一直低垂
腰腿→後腳跟沒有著地（P63）
沒有腫塊（P80・82）

結語

大家是在什麼時候與家中的愛貓相遇呢？開始一起生活有多久了呢？那些拿著逗貓棒一起玩耍的日子、沮喪的時候曾經在旁安慰的歲月，愛貓都為我們帶來了許多幸福與快樂。但再怎麼不不願意，終究要面對與心愛的貓咪告別的這一天。

站在動物醫療現場的我們一定會遇到貓咪的「終末照護」。此時的我心中最希望的，就是盡量不要讓貓咪的家人感到愧疚。家人與貓咪的人生可說是十人十色（或說是十貓十色？）。「終末照護」當然也是一樣，每個家庭與每隻貓都各有不同。貓咪臨終的這一刻要如何與牠告別？治療要持續進行到什麼樣的程度？要怎麼做才能讓牠們在家度過餘生？貓咪還有活力的時候要如何照護？這些問題都可以提出來和大家一起討論。在照護貓咪之前，應該會不得不做出幾個決定。這個時候我只能告訴大家一件事。那就是在終末期照護貓咪時，與家人慎重討論所做的決定絕對沒有錯。因為大家都非常瞭解愛貓的情況。相信家裡的寶貝貓咪也會覺得能認識大家是一件幸福無比的事。

具體來講我們應該考慮什麼？要為貓咪準備什麼？要做好什麼樣的心裡準備？希望本書能成為各位飼主在考量時的助力。

2015年1月1日，我們家心愛的貓咪PUMA突然啟程去天國。是貓咪教會了身為獸醫的我生命有多無常。PUMA曾為我們帶來了無數的歡樂與笑容。即便是今日，我依舊相信在天國的牠會好好守護現在家中的2隻貓咪，QUEEN與KNIGHT。

為了不讓牠蒙羞，我會盡我所能，拯救更多貓咪的生命。

緬懷我的PUMA……

東京貓醫療中心　服部幸

國家圖書館出版品預行編目(CIP)資料

全方位圖解高齡貓照護：日常照護x疾病知識x臨終準備,親手設計愛貓的優質老後生活/服部幸監修；何姵儀譯. -- 初版. -- 臺北市：臺灣東販股份有限公司, 2023.04
144面；14.8×21公分
ISBN 978-626-329-749-4(平裝)

1.CST: 貓 2.CST: 寵物飼養

437.364　　112002172

全方位圖解
高齡貓照護
日常照護×疾病知識×臨終準備，親手設計愛貓的優質老後生活

2023年4月1日初版第一刷發行
2023年9月1日初版第二刷發行

監　　修　服部幸
譯　　者　何姵儀
編　　輯　曾羽辰
特約美編　鄭佳容
發 行 人　若森稔雄
發 行 所　台灣東販股份有限公司
　　　　　＜地址＞台北市南京東路4段130號2F-1
　　　　　＜電話＞(02)2577-8878
　　　　　＜傳真＞(02)2577-8896
　　　　　＜網址＞http://www.tohan.com.tw
郵撥帳號　1405049-4
法律顧問　蕭雄淋律師
總 經 銷　聯合發行股份有限公司
　　　　　＜電話＞(02)2917-8022